思维游戏魔法书

快速思维游戏

50 PUZZLES for QUICK THINKING

快速思维游戏

[英] 查尔斯·菲利普斯 著
周 鑫 宋惠娟 译

中信出版社
CHINA CITIC PRESS

图书在版编目(CIP)数据

快速思维游戏 / (英) 菲利普斯著；周鑫，宋惠娟译.
— 北京：中信出版社，2010.5
(思维游戏魔法书)

书名原文：How to Think: 50 Puzzles for Quick Thinking
ISBN 978-7-5086-2013-8

Ⅰ. 快… Ⅱ. ①菲… ②周… ③宋… Ⅲ. 思维方法－通俗读物 Ⅳ. B804-49

中国版本图书馆CIP数据核字(2010)第059452号

快速思维游戏（"思维游戏魔法书"系列丛书）
KUAISU SIWEI YOUXI

著　　者：[英]查尔斯·菲利普斯
译　　者：周鑫　宋惠娟
策划推广：中信出版社（China CITIC press）
出版发行：中信出版集团股份有限公司
　　　　　（北京市朝阳区和平街十三区35号煤炭大厦　邮编100013）
承　印　者：山东新华印刷厂德州厂
开　　本：787mm×1092mm　1/32　　印　张：3　　字　数：87千字
版　　次：2010年6月第1版　　　　印　次：2011年5月第3次印刷
京权图字：01-2010-2664
书　　号：ISBN 978-7-5086-2013-8/G·408
定　　价：15.00元

目 录

最后的挑战   59

你能赶到弗兰德斯厅吗?

参考答案   65

前言　如何快速思维

快速思维游戏

面对危机，你能处置得当吗？当你被赶鸭子上架、勉为其难时，遭遇提问却毫无准备时，或者对自己一无所知的问题必须谈点什么时，你能应付自如吗？你必须飞速思考。你可能口干舌燥，可能掌心出汗，焦虑不堪时所出现的种种症状此时都会不期而至。你该怎么办呢？

本书将教会你在面临重压时，如何富有成效地思考并表现出色。书中提供了种种有益的诀窍，教你如何保持镇定，时间紧急时如何改善表现，以及如何对那些你争我夺、似乎咄咄逼人的时间要求妥为掌控。书中有 50 道精心设计的练习题和 1 道"迅速思考"的挑战题，用来训练你更敏捷地思考。

思考是一种技巧

每个人都思考，但思考却又是一种可以培训的技巧。对快速敏捷思考来说，就如同创造性思考、逻辑思考、横向思考及其他类型的思考一样，这种开发都是适用的。

最新的脑科学发展成果确证，我们的大脑有着广阔的开发空间。大脑由数量惊人的上万亿个称做神经元的脑细胞组成，每个细胞都与成千上万个同类细胞有着千丝万缕的联系。每一秒钟，大脑都会形成一百万个新的神经联系。因此，你我都有无穷的机会去发展——改变思考方式，使之臻于完美。不断练习，用本书中的谜题和难题来练脑，你就能教会自己更敏捷地思考。

社会性思考及"薄片撷取"[1]能力

你是否有时仅用瞬间就决定是否信任一个商业合作者？如果你晚上外出，你难道不得经常迅速作出各种判断，确定某种情境是否安全或危险吗？可见，在日常生活中，很多情境都要求我们快如闪电地思考。在社会生活的各种情境中，当必须快速作出决断，判定是否该喜欢或信任他人时，我们会用到一种特定的神经元，它叫纺锤细胞。这是脑科学家们目前所发现的动作最迅捷的神经元。

事实上，这类飞速思考是有可能用于其他领域的。马尔科姆·格拉德威尔[2]在其著作《决断2秒间》中认为，我们能运用一种叫做"薄片撷取"的能力，即：无须在重重信息中苦寻头绪，我们会飞快地撷取极少量信息并飞快地作出决断。他也把这种快速思考称为"快速认知"。但是我们不能掉以轻心。格拉德威尔告诫我们，为了避免偏见和先入为主的成见，必须学会如何在特定情境中寻找有用的线索。

保持镇定

假设老板要你在45分钟内为会议准备一份提案，而你实际需要3个小时才能顺利完成。这时该怎么办？关键的首要策略就是保持镇定，积极面对。如果陷入慌乱，思维就会彻底瘫痪。脑科学家已经证明，在中脑部位存在着大群被称做"杏仁核"的神经元，它们在处理情绪反应时起着关键作用。杏仁核与前额叶不断地交换信息，那是大脑中负责计算和形成推理的部分。如果情绪消极——也就是说彻底被焦虑所困扰——来自杏仁核的信息就会严重干扰思维。而如果充满自信、快乐、兴致高涨，这些正面信息就会让思维变得敏捷且果断。

掌控时间，行动起来

确信自己开始着手任务了。别因为光想着事情毫无可能而浪费时间。弄清楚自己有多少时间，着手设定一系列可以实现的小目标。

写在纸上，思路清晰

把任务写下来总是很有好处的，一个主意会激发另一个，从而妙思泉涌、源源不断。把想法用形象的手段呈现出来也会很有益处，画出草图来，按顺序规划行动步骤，沿着记录纸的边缘写下你最希望采纳的想法。运用这种方式，就能牢牢记住它们，并找到将其纳入自己通盘计划的途径。

本书谜题

本书有三种层次的谜题，每一种都有"完成限时"。这些限时是用来施加一点小压力的——通常当有确定目标如时间限制之类时，思考会更有成效。不过别担心这类时限——它们只不过是一种参考标准而已。所以，如果发现自己比"理想"完成时间用时稍长，别太在意。对于标有"加时"的谜题要特别留意。可以肯定，你得花上更长时间才能完成它们——这并不是因为这些题目本身更难，而是因为在你能解决它们之前，还有更多的功课要做。

有些谜题在本书的后半部分会出现类似版本，目的是提供强化练习。在确有可能需要帮助的地方，本书给出了提示，书的后半部分甚至提供了便笺和涂写版面，专供您做笔记和涂写演算之用！在本书的结尾部分，还专门设计了一项挑战任务，对于你通过本书练习新获得的快速思维技巧，该任务将是一次快速检验。该任务的建议完成时间是 10~15 分钟，在这段时间里，你将有机会思考并反复思索该任务所涉及的一系列问题，所以你可在空白处做些线索笔记，试试一些想法是否可行。

自始至终都要牢记：不要冲动。前面已提到了，陷入慌乱就容易削弱思考能力。在学习如何快速思维时，保持镇定和避免冲动是两个关键的教训。准备好，开始快速思考！

注 :1. "薄片撷取"(thin-slicing) 能力，即：可以在极短时间内，仅凭少许经验切片，就能搜集到必要的资讯，并作出内涵丰富的判断。

2. 马尔科姆·格拉德威尔 (Malcolm Gladwell)，《纽约客》杂志专职作家。《引爆点》(*Tipping Point*) 是其畅销作品，他以社会上突如其来的流行风潮为切入点，从一个全新的角度探索了控制科学和传播模式。

谜题等级	时间限制
初级 = 热身入门	1~2 分钟
中级 = 理解进阶	3~4 分钟
高级 = 努力通关	5~6 分钟
加时题	6 分钟以上
挑战题	10~15 分钟

快速思维游戏

50道
快速思维谜题

为你准备好了!

记住,
要**全神贯注**,
仔细观察。
对线索关联之处要保持**警觉**。
最大限度地开动**你的大脑**!
启动你的**快速思维**吧!

初级

热身入门

　　本部分的谜题是为了先给你的快速思维技巧热热身。通过这些题，可练习快速观察各种联系和快速计算的技巧。哪怕是很简单的计算，只要迅速地做，就能在神经元之间建立联系并从整体上提高脑力——快速反应和迅速思考的能力。如果感觉题目较难，也要努力保持积极的心态。

1. 这是代号

这是一道数学题，可以促进神经元建立联系。每个符号代表一个不同的整数，且都大于1。若要保证下面的等式成立，请问每个符号代表的值应是多少？

$$\frac{\triangle}{3} + \frac{\star}{4} = 14$$

$$\triangle - \star = \square$$

$$\frac{\square}{4} = \heartsuit$$

巧思贴士　先尝试把第一行的简单加法做出来。

填写《读者反馈表》好书免费送！

填写完毕并邮寄给我们，就可免费获赠随卡正面5本好书中的任意一本。(5选1)

《读者反馈表》

☐ 我已经是99读书人俱乐部会员
姓名 ＿＿＿＿＿＿ 会员号 ＿＿＿＿＿＿

☐ 我愿意参加读者反馈活动，并加入99读书人俱乐部
姓名 ＿＿＿＿ ☐男 ☐女 出生年月 ＿＿年 ＿＿月 ＿＿日
通信地址 ＿＿＿＿＿＿＿＿＿＿＿＿＿
(我们将定期向此地址邮寄99读书人俱乐部会员目录)
家庭电话 ＿＿＿＿＿＿ 手机号码 ＿＿＿＿＿ 邮编 ＿＿＿＿
E-mail ＿＿＿＿＿＿

☐ 我选择的免费好书是： ＿＿＿ (请填写正面图书编号：A, B, C, D, E)

《读者反馈表》
1、您本次购买的图书是： ＿＿＿＿＿＿＿＿
2、您平时在哪里买书？ ☐大型书店 ☐购书网站 ☐电话邮购 ☐淘宝网 ☐小书店
3、您每年平均购书的金额是？ ☐小于100元 ☐100-200元 ☐200元以上

如何获得免费好书？

我们在收到您的明信片后，将把您选择的免费好书加入您在99读书人俱乐部的会员账户中，并随您的购物订单一同发送。(新会员填写完整明信片中的个人信息即可获得会员账户)
请在明信片寄出后(老会员为10日，新会员为7日)致电400-6699-699与客服人员确认。

本活动每人限身1本，上海九久读书人文化实业有限公司保留活动解释权。

MX110201

上海市南邮政
032—99信箱

邮政编码：200032

2. 轮子谜题

JJ 和沙奎尔正装修一家私人俱乐部的高档酒吧。此时,他们正在贴一种印有 19 世纪大小轮自行车图案的花砖。但是,沙奎尔弄丢了设计师的施工指导图,致使工期有所延误。当客户要来工地检查时,他还有一点没有完工。"快点,"JJ 说,"在他来到前贴完这个图样。"

抓紧时间!你能否帮沙奎尔从下图右侧的纵栏里挑出那块正确的花砖匹配整个设计图样?客户走上楼要花上几分钟,这就是你所剩的时间。

初级·热身入门

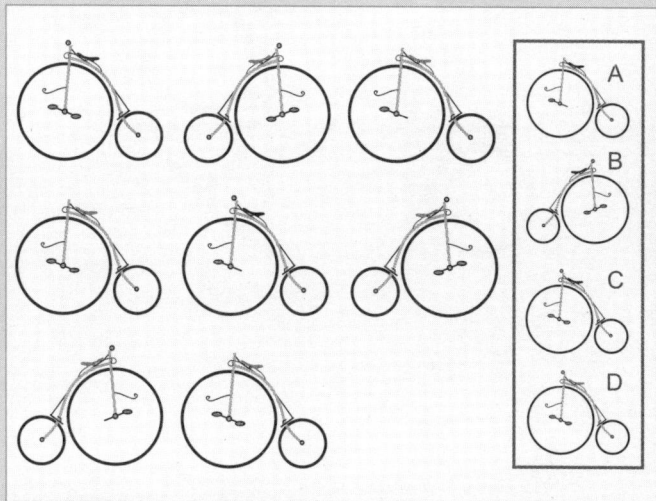

巧思 贴士

请观察纵向与横向两个方向的图样规则。

5

3. 井字游戏

　　伍迪正和小女儿丽贝卡玩"井字游戏"[1]。他已经赢了两次，所以这次他想让丽贝卡赢。伍迪画的是圈，丽贝卡画的是叉，下一步该伍迪先画。他应该怎么画才能确保丽贝卡赢呢？

巧思 贴士

伍迪在找那步可使丽贝卡画出一行叉的画法。

注：1. 井字游戏，又叫画圈打叉游戏。两人轮流在九个小方格内画
　　　圈或打叉，以先连成一行者为胜。

4. 尼尔森女士的数字格 (1)

尼尔森女士为课余数学俱乐部设计了这个数字花砖游戏。共有8块花砖要放进网格内，且要使相邻两块砖的相邻数字完全相同。可以转动花砖，但不可翻转。

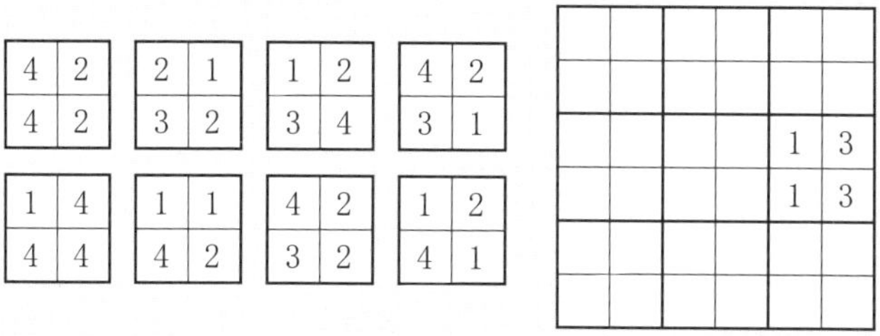

4 2 / 4 2
2 1 / 3 2
1 2 / 3 4
4 2 / 3 1
1 4 / 4 4
1 1 / 4 2
4 2 / 3 2
1 2 / 4 1
1 3 / 1 3

巧思贴士

可先找出一块砖，数字要刚好和网格中那块砖上的两个1相匹配。

5. 埃弗里特逃生

乔恩正在玩电游。游戏中，一位名叫埃弗里特的探险家在一幢陈旧的公寓里经历了一连串惊险场面。在第一关，埃弗里特必须破解一间办公室墙上的数字代码以逃离洪水。

你能帮上忙吗？他必须从下面格子图的左侧顶角走到右侧底角，一路可以选择走横向、纵向和对角线上的所有小格，但每个小格只允许通过一次，并必须遵循 1-2-3-4-5-6-1-2-3-4-5-6 这样的顺序。

1	2	3	4	1	2
5	4	3	5	6	3
6	2	4	3	4	5
1	6	5	2	1	6
1	2	1	2	4	5
3	4	5	6	3	6

巧思 贴士

头 3 个数很好走。此后，埃弗里特首次走到 6 时，他应该是在第 3 行。

6. 一团糟（1）

迪特里希先生开了一家名叫"印台"的专门批发店。他把从厂家订购的印台设计样弄乱了，随后又把印台及其盖好的印戳碰掉在地，结果所有东西都乱成一团。你能帮他把每个印台和对应的印戳配好对吗？

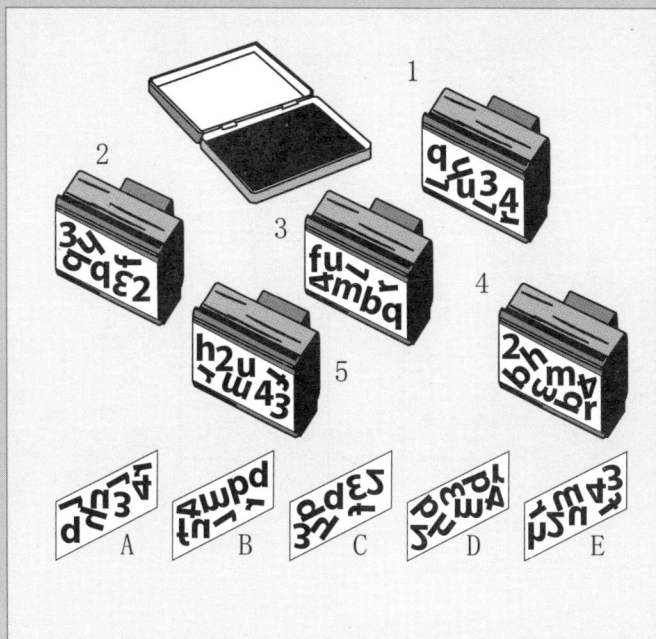

巧思贴士

如果从配数字而不是字母开始，这道题会容易很多。

7. 特雷尔的面试

特雷尔去一家银行面试。招聘者给了他如下这张空白网格，并告诉他："把 1、2、3、4、5、6、7、8、9、10、11、12、13、14、15 和 16 填入下面的网格，确保横向、纵向和对角线上的数相加都等于 34。"

你能帮他获得这份工作吗？

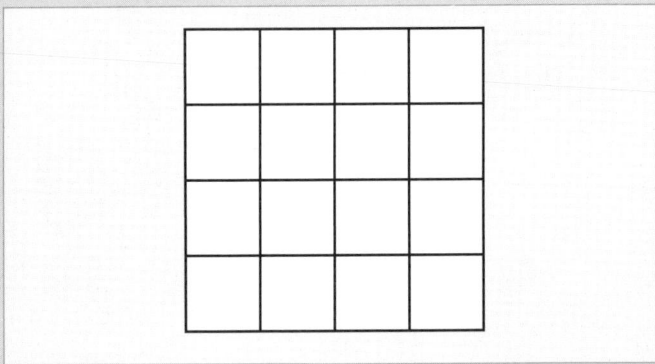

巧思贴士

为了相加得到 34，每行和每列都需要小数和大数相混合。最小的数如 1 或 2 必须与大数如 14 放入一组。（如果还是觉得困难，可在第一行填入 4、9、5、16。）

8. 奥特兰制造

奥特兰总统普雷斯利很想节约公共开支。为此，他找来财政大臣理查德·利特先生。

"我们的外交迎宾车队共有多少辆车？"

"200 辆，总统先生。"

"这些车中有多少是进口的？"

"99% 都是。"

"太过分了！"总统大叫道，"按照需要尽可能卖掉进口车，要保证车队中 10% 的车都是奥特兰制造的！"

理查德立刻着手照办。200 辆车中他必须卖掉几辆呢？

巧思贴士

要解决这个问题，理查德必须算出两个不同的百分比。

11

9. 菲洛梅娜在物理实验室 (1)

菲洛梅娜热爱物理学。一天，她在实验室的 3 台天平上摆弄一些球形轴承、星形组件和正方形砝码。天平 A 和 B 被她摆弄得恰好平衡。那么，她要用几块正方形砝码才能平衡天平 C 上的 6 块星形组件呢？

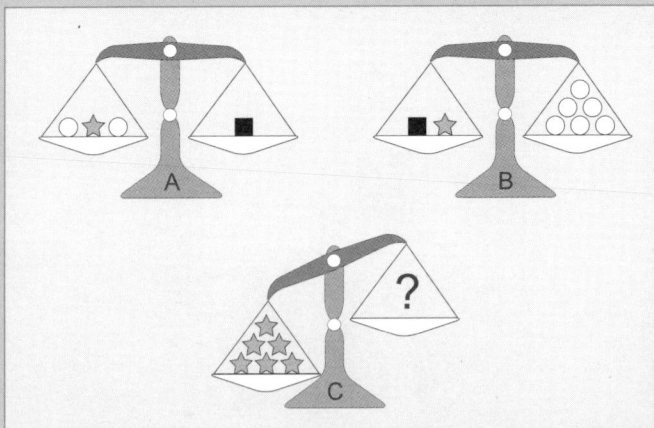

巧思贴士

要想快速答题，就要参照代数中的方程式来思考天平两边砝码的关系。

10. 埃弗里特冰原历险

　　乔恩所玩电游（参见谜题5）的设计者显然对数字通关很着迷。在第二关，埃弗里特先生眼前出现一幅数图，此图刻在一块正在融化的浮冰上。埃弗里特必须在浮冰融化尽和一群愤怒的北极熊追上他之前走通这张图。他必须从此图第一行的任一方格出发走到最末一行的任一方格，条件是：只能拣那些正好能被7整除的方格走，并且不得走对角线方向上的方格。你能助他一臂之力吗？

96	7	14	77	52	16	97	77	8
78	33	68	29	61	49	28	91	55
22	14	56	84	9	63	22	53	23
33	42	12	98	35	7	29	5	47
28	21	86	17	54	76	49	56	42
91	75	94	14	77	91	84	74	28
70	49	35	28	59	97	24	48	35
77	62	41	34	18	98	63	21	56
13	58	46	68	38	91	50	15	53

巧思
贴士

　　开始时，找出第一行和第二行中纵向相邻的两个能被7整除的数。

11. 当贾维尔遇上沃利斯

　　贾维尔和沃利斯都是数学专业的大学生。他们有个癖好，经常彼此出数字测验考对方。当贾维尔终于鼓起勇气与沃利斯约会时，她出了下面这道题考他，并给他两分钟时间解答。她给出下面这个算式并问道："在组成下面算式的线段中，最少只需移动几根，就能使该等式看起来是正确的？"

$$1 + 2 - 51 = 8$$

巧思贴士

　　2根是答案之一，但聪明的贾维尔不这么考虑。围绕这个问题再好好想想。

12．当机立断的帕斯卡

帕斯卡给运动用品供货商打电话订货时，供货商问他是否要多进些大的充气球。因为商店就开在海滩边，这种充气球每天都会卖出几个，所以老板要求店里至少要备货 25 个。帕斯卡岔开供货商的话头，低头看了看气球存货，飞快地算了一下。下图就是帕斯卡所看到的情形。你能数清这儿有多少个气球吗？

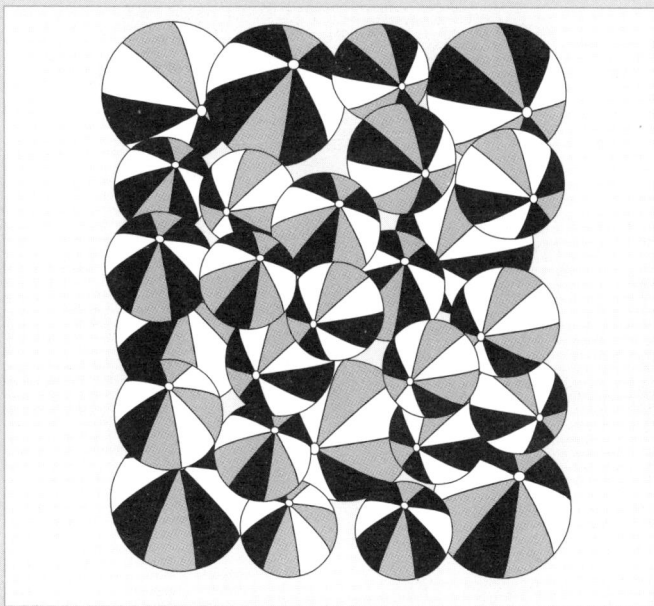

初级·热身入门

巧思
贴士

想象一下你和帕斯卡一样正处于压力之下。尽可能快地数，记下总数后再试一次。是否这样会得到不同的结果？

15

13. 时光飞逝

哲学教授波利卡波给学生出了这道数字密码题作为课前热身。请迅速推算出下面数列的规律，并将问号替换为正确的数值。

1	8	15	22	29
5	?	19	26	5
12	19	26	2	9
16	23	?	7	14

巧思 贴士

该数字密码与时光飞逝这一现象有关。

14. 拼命找安娜

　　克里斯汀是个情报人员，她潜伏在一个繁忙的机场工作。现在，她急需和上司安娜接头。每天晚上，安娜会在一个安全的储物盒里留张纸条，纸上显示的是随机排列的数字。如果可以安全接头，则能在这些数字中找到连续的数字 514926。

　　今天的数字如下所示。可以安全接头吗？你能找出 514926 吗？这组数字可顺可逆，横向、纵向或对角线方向都可以。

7	8	5	9	1	2	7	5	6	5	4	0
5	1	9	2	6	5	1	4	2	9	6	3
5	1	4	3	6	1	6	4	9	3	9	5
2	8	9	9	7	4	9	0	2	1	4	1
5	7	4	1	5	2	0	7	5	4	1	4
5	1	6	7	1	2	8	7	9	9	2	5
5	8	9	2	4	9	6	7	4	0	1	1
4	1	7	8	9	1	0	1	5	5	4	7
5	7	4	1	2	4	5	7	9	4	8	1
5	1	1	2	9	0	1	7	9	4	5	3
5	7	8	1	9	4	1	5	3	1	9	2
5	1	4	1	9	2	6	7	8	5	9	8

巧思
贴士

　　扫视全图，首先找出一条直线上出现 514 的地方。

初级·热身入门

17

15. 过河

两对夫妇在野外徒步旅行，碰上一条又宽又深的大河，而唯一的桥已经断了。桥边有一条船，船边牌子上写着："请用此船渡河，最大载重量 180 磅。"

两位男士诺亚和大卫，各重约 180 磅；他们的妻子凯伦和萨拉，各重约 90 磅。他们怎样才能安全渡河而不使船超重呢？

巧思 贴士

他们当中有人必须来回几趟。

18

16. 克里斯汀的情报

下面是情报员克里斯汀拿到接头暗号后（参见谜题 14）递给安娜的情报。这是一份正式晚餐招待会的排位方案，其中确认了一个双重间谍的名字——由一个缺失的字母代表。

在克里斯汀的编码情报中，字母都按照其在字母表中的位置，分别代表 1~26 中的对应数字。安娜必须破解这套编码系统，以找出问号处缺失的字母。

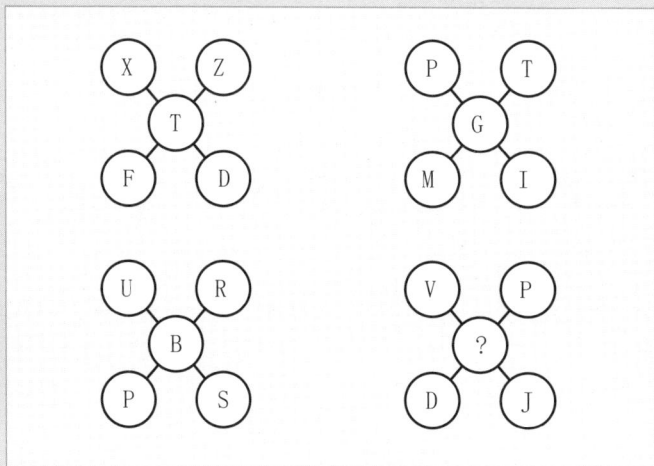

巧思 贴士

将字母转化为数字后，即可推出每组"排位"数字的关系。

中级

理解进阶

　　这是本书的第二部分，题目都是中等难度，对快速思维技巧提出了更高的要求。现在，对于这类思维难题，你应该更加自信能快速而准确地解答了。有了这份自信，你就可在压力之下保持镇定了。请记住，快速思维不是要一味求快。要想做得好，必须十分关注细节问题，并保持固有标准。这些题目经过特别设计，能提高对数字和图像的理解能力，并有助于迅速准确地辨认各类思维模式。

17. 舞动的数字灯（1）

数学系期末舞会即将到来，梅塔教授特意在舞池边上筹备了一个会闪烁起舞的数字灯光秀。学生本杰明和萨拉茜布置好如图所示的灯光装置后，另一位教授阿多马克博士却提出了一个更好的方案。

阿多马克博士要求学生们设法遮住一些特定的数字，以使任何一行或一列中都没有重复的数。他还特别要求：任意两个被遮住（涂黑）的数不得在水平或垂直方向上相邻（但其某一角可以相邻），同时，每个仍亮着的数必须与其他亮着的数相邻（水平或垂直方向，或两种方向同时存在）。

快速思维游戏

3	2	5	2	2	7	7	6
6	5	4	1	7	5	2	3
5	2	4	6	4	5	7	4
1	7	3	2	6	6	4	4
3	6	4	5	3	2	4	1
4	7	7	6	6	4	1	7
5	1	2	3	6	4	6	7
3	4	2	7	5	3	7	2

巧思 贴士

找那些每行或每列中只出现一次的数——请记住亮着的数必须水平或（并）垂直相邻。

18. 埃尔莫尔的 L 形拼装格

　　埃尔莫尔为他的女友劳拉设计了这道非常棘手的题。他说："请看周围的 4 种 L 形，每种 3 个，共有 12 个。这些 L 形已被置入网格图中。你能分清它们各自放在哪儿吗？每个'L'上都有个洞。每个'L'在置入前都可以转动或翻转。相同的'L'形不相邻，即使某一角也不会相邻。这些'L'拼合得严丝合缝，根本无法看出痕迹。只有这些洞能表明它们各自的种类。"你能帮劳拉一把吗？

中级·理解进阶

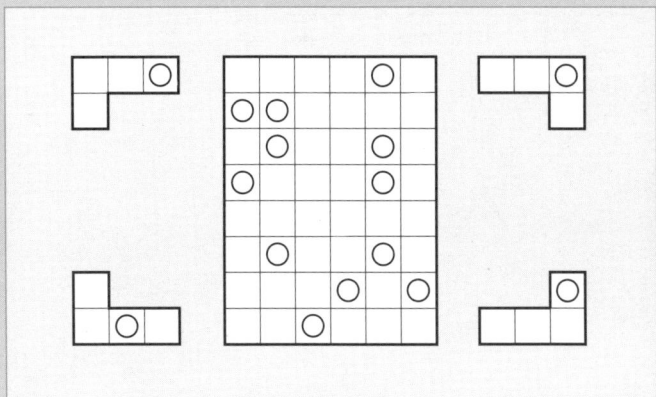

巧思 贴士

　　这道题对形象思维要求较高，因此被归入"加时"测试。请多花些时间来做。

19. 尼尔森女士的数字格（2）

学生们对尼尔森女士的数字格谜题（参见谜题 4）答得很好，于是她稍作改动，提高了点难度，以备下次课上用。她说：“将这 8 块花砖放入网格中，使得相邻砖上的所有相邻数字都相同。可以旋转花砖，但你不能翻转它们。”

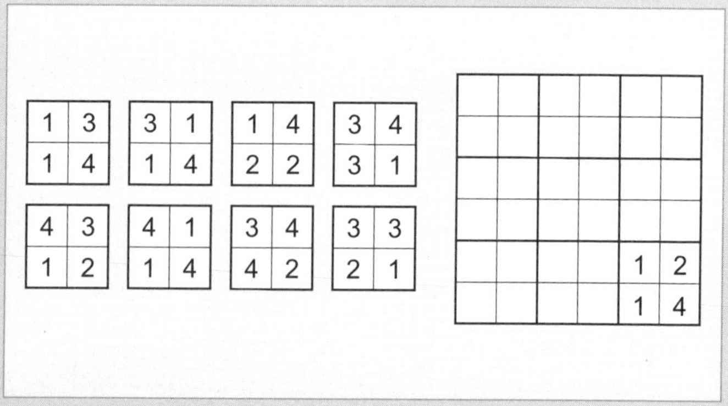
1 3
1 4
3 1
1 4
1 4
2 2
3 4
3 1
4 3
1 2
4 1
1 4
3 4
4 2
3 3
2 1
1 2
1 4

巧思贴士

8 块砖中只有一块有两个 1 相邻。

20. 菲洛梅娜在物理实验室 (2)

菲洛梅娜回到物理实验室 (参见谜题9), 这回她拿着球形轴承、星形组件和正方形砝码放到3架天平上。这次她要给好朋友塔维娅出道难题。她问: "A和B这两架天平都平衡得很好, 那么你需要几个正方形砝码来平衡C呢?"你能帮帮塔维娅吗?

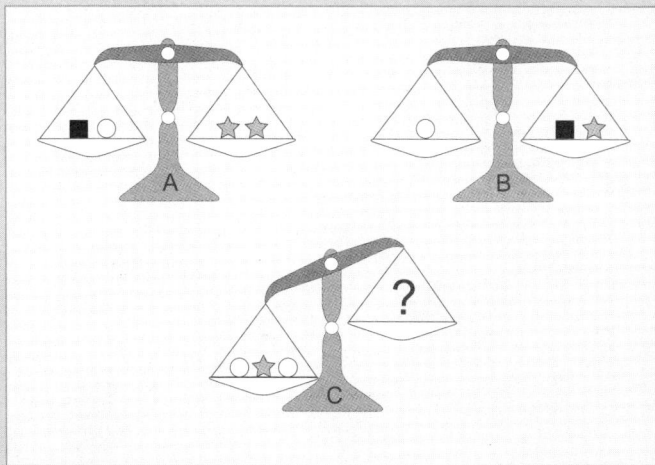

中级·理解进阶

巧思
贴士

留意那个有单一砝码的天平。

21. 护目镜之路

数学系学生德克斯特在象棋旅馆兼职。旅馆共有 16 个房间，他坐在一台监视器前，操控一个大眼睛的棋子形视频，以监控各个房间的保洁工作。他亲切地管它叫棋盘上的护目镜（如下图所示）。有一天，他突发奇想，如果视频只按箭头所指方向行进，要从左上角（A）抵达右下角（B），有多少条路线可走？

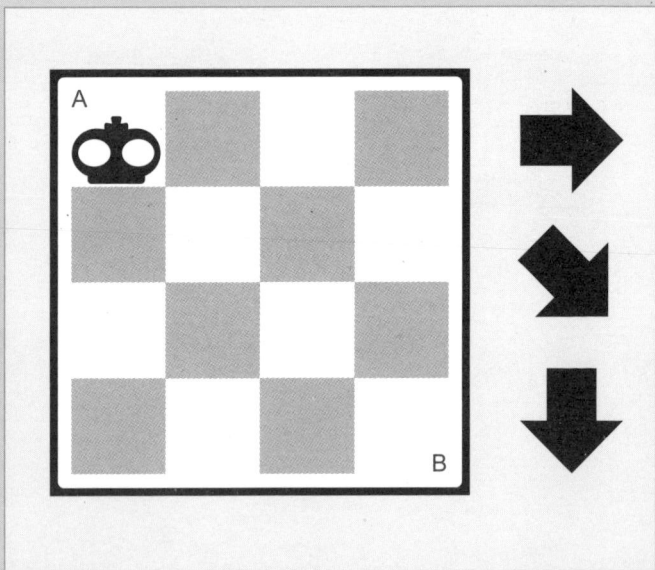

巧思贴士

请记住德克斯特是学数学的，这道题实际上是道计算题。你得找出最快的算法，算出可能的走法有多少种。

22．一团糟 (2)

迪特里希先生的印台店又有麻烦了（参见谜题6）。这次他用电脑设计一组刻着音符的印台，但是程序出了问题，设计样被弄得面目不清。和上次一样，他笨手笨脚地把印台和印戳碰掉在地，结果更是乱作一团。你能帮他把每个印台和印戳配好对吗？

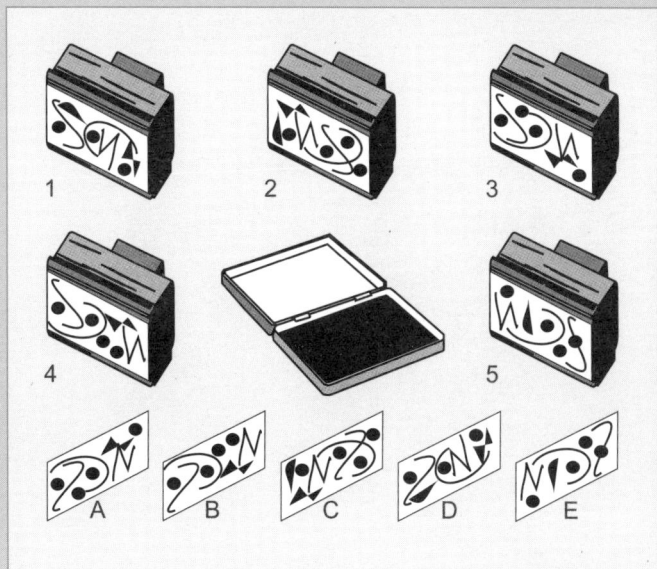

巧思 **贴士**　先找出设计样中比较清晰的部分，比如印台4底部的曲折线。

23. 韦斯利的沙滩之舞

韦斯利在一个夏令营为孩子们服务。这天，他在靠近湖边的潮湿沙地上画了如下这个数字谜局。他承诺，谁能第一个走出这个局，就给谁买冰激凌。走法要求是：从顶部的 2 走到底部的 10，所走路线形成一个算式，并确保得数是 10。不得走对角线方向，也不许走回头路。

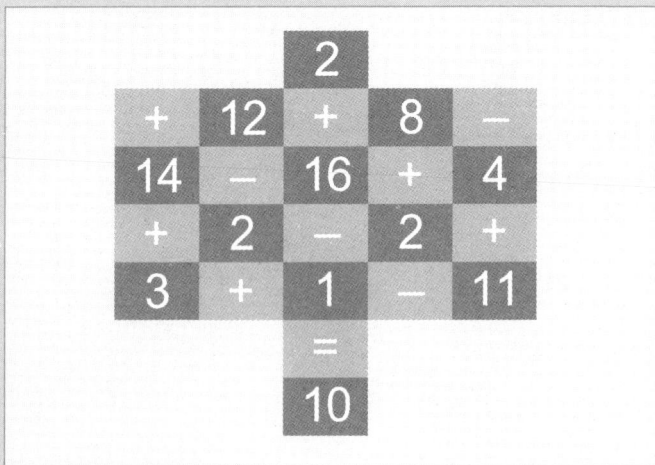

		2		
+	12	+	8	−
14	−	16	+	4
+	2	−	2	+
3	+	1	−	11
		=		
		10		

巧思
贴士

只能靠不断尝试了——但要尽量求快，及早算出来！

24. 贾维尔和沃利斯打赌

贾维尔和沃利斯的约会很愉快（参见谜题 11）。接着轮到沃利斯采取主动了——她提出第二次约会的请求。作为回应，贾维尔递给她如下这张符号网格，并打赌她没法在 4 分钟内解出来。如果她成功了，那由他来买电影票；如果失败，则由她掏钱。

题目要求是：每个符号都代表一个不同的数字。要得出每行和每列末端的得数，这些圆圈、十字形、五边形、正方形和星形代表的数值各是多少？

巧思 贴士

第四行正好有 3 个正方形，看来从这里入手应该不错。

25. 字母变换（1）

伊格纳西在他的"牌吧"里安装了一个叫"字母谜题"的台子。如图所示，台面用粗线分为6个区域，每个都由6个方格组成。伊格纳西和招待梅尔文在桌面上钉好了16个字母，随后请客人们来玩，考验他们快速思维的能力。要求是：用字母A~F填满空格，使得每行、每列以及每个粗线所围区域内都含有 A~F 这6个字母。

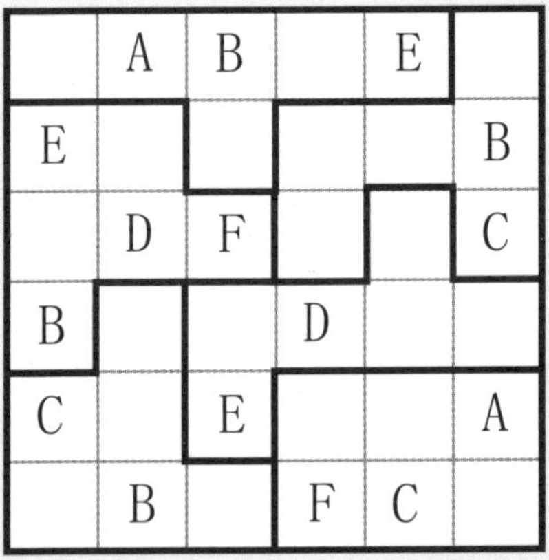

巧思贴士

先用铅笔不断尝试，在每条线的末端或每个方格的顶角轻轻地写出可能的解答。

26. 数弹子

伊桑和克洛艾正在玩弹子游戏。他们前面一直都在记分数，现在是清算的时候了。伊桑给过克洛艾她开始时那么多数目的弹子。克洛艾随后给了伊桑他剩下的那么多数目的弹子。这之后，伊桑又给了克洛艾她剩下的那么多弹子，这么一来他就一颗都不剩了。现在克洛艾手里有 80 颗弹子。他们开始玩时手里各有多少弹子？

巧思 **贴士**

从问题的最后一步开始算起。这样一来，从克洛艾有 80 颗弹子简单地倒推一步，就可推到两人手里弹子数目相等时这一步。

27. 数列寻数

波利卡波教授令学生们大吃一惊（参见谜题 13）。在逻辑课期末考卷上，他把下面这道数列题作为第一道必答题。要求很简单：破解这个数列的规律，推出问号所代表的数字以完成数列。

快速思维游戏

> 1 2 2 4 8 11 ? 37 148
> 153 765 771 ? 4633

巧思
贴士

仔细观察前 4 个数字的关系。

28. 这也是代号!

和谜题 1 一样,每个符号代表一个不同的整数,且都不小于 1。
每个符号应各代表什么值,这几个等式才能成立?

$$\frac{\triangle}{4} - \frac{\star}{3} = 7$$

$$\square + \frac{\bigcirc}{3} = \frac{\triangle}{5}$$

$$\frac{\square}{4} = \heartsuit$$

巧思
贴士

请注意,三角形的数值一定是一个同时能被 4 和 5 整除的数。

29. 六边形之舞 (1)

　　哲学系学生辛妮德在"天使酒吧＆夜总会"打工。那儿的酒瓶垫是六角形的。当一批空酒瓶运走后，她就拿这些垫子设计了如下这个游戏来考考同事凯齐娅。她说："把这些六边形放入中间这个网格中，使得沿粗线相邻的两个三角形中的数完全相同。但要注意——在拼放时，不能转动任何一个六边形。"

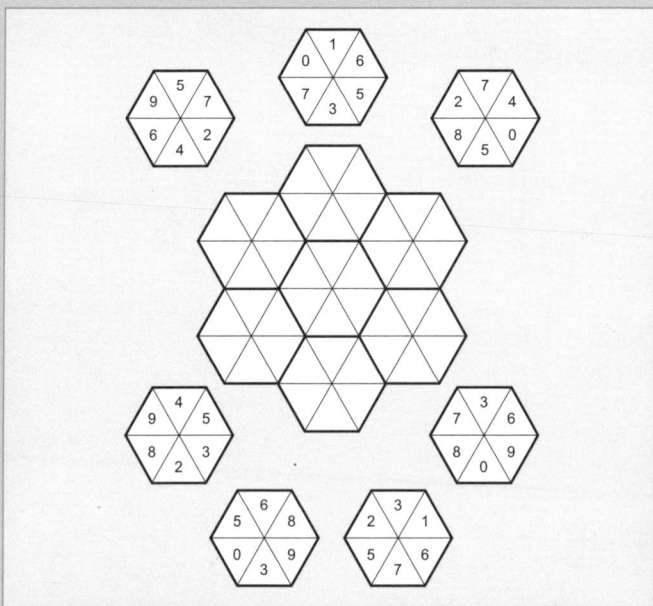

快速思维游戏

巧思
贴士

先找那些成对相同的数字。

30. 安娜的情报

这次安娜必须用自己的编码向上级米格尔传送情报，以确认一个双重间谍身份，她照搬了克里斯汀的创意（参见谜题 16）。她运用了同样的模板：将情报伪装成一份正式晚宴的排位方案后，她想出一个密码用以隐藏这个双重间谍的名字，也就是下图中缺失的字母。和上次一样，字母按其在字母表中的顺序分别代表数字 1~26 中的对应数字，但密码有所不同，你能帮米格尔破解吗？

中级·理解进阶

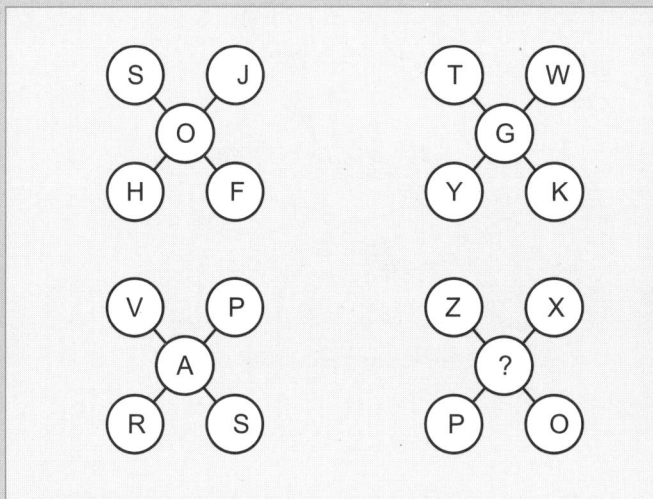

巧思贴士

当把字母转换为数字后，就必须做进一步的深入思考。

35

31. 短鼻鳄上秤

　　查克在沼泽里捕到一条大短鼻鳄后，把它运到拉里那儿去称重。单称尾巴是 80 磅。头部是尾巴加半个身体那么重，而身体是头部和尾巴重量之和。那么整条鳄鱼有多重？

快速思维游戏

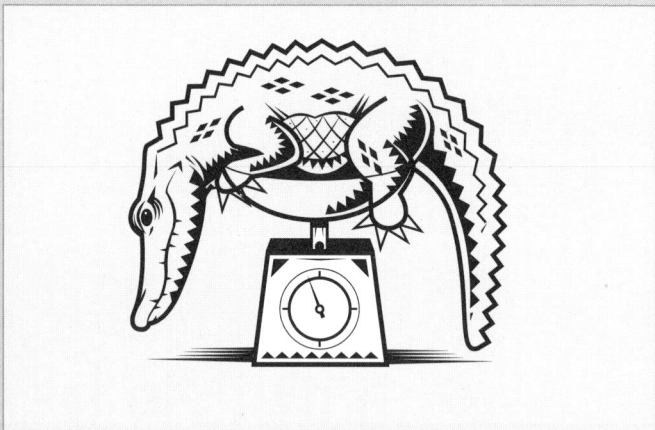

巧思 贴士

　　这是对数理逻辑能力的测试，可用方程式来进行解答。

36

32. 埃弗里特在水晶舞厅

乔恩的游戏进入了下一关（参见谜题5），埃弗里特来到一间有水晶吊灯的豪华舞厅。他必须从舞池地板的左上角（1）走到右下角（6），一路要穿过所有格子，横向、纵向或对角线方向的走法都可以。但每个格子只允许穿过一次，并遵循1-2-3-4-5-6-1-2-3-4-5-6这一顺序直到走完。

1	2	3	5	6	1
6	5	4	4	3	2
1	4	5	4	5	6
2	3	6	1	3	1
4	3	2	3	4	2
5	6	1	2	5	6

巧思 **贴士**

埃弗里特会"横向"思考吗？他开始的6步中，大都是横向的。

33. 令人发愁的雨伞

玛格丽特在一家酒店的衣帽间工作。这个城市湿润多雨，而衣帽间一般只能容纳 30 把撑开的雨伞。新来的助理吉纳维芙傻乎乎地把撑开的伞都堆放在这个小房间里。当玛格丽特来值班时，她必须一眼就看出，如果有客人拿伞来存放，房间里是否还放得下。你能帮上忙吗？你能数清有多少把伞吗？

巧思
贴士

试着一行一行地数。

34. 有多少正方形?

德克斯特帮同学雷米在象棋旅馆(参见谜题 21)找了份工作。雷米是一个数学奇才。一天,他们坐在如图所示的纵横字谜图边。雷米问道:"德克斯特,在这个网格中,你能找出多少个大小不同的正方形?请从 12、38、51、114、131 和 140 这几个答案中挑。"

中级·理解进阶

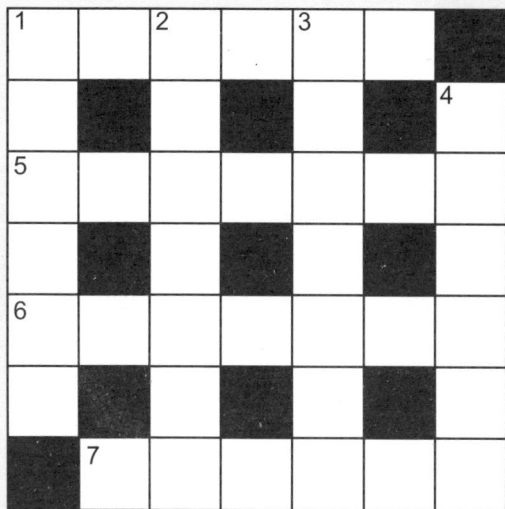

巧思
贴士

同第 21 题一样,这也是道计算题。

39

高级

努力通关

现在来到本书的第三部分，这部分是要求最高的快速思维难题，得加倍努力才能顺利破解。这些思维谜题都是精心设计的，既可训练提高注意力水平，又可提升面临难题时作出快速精确判断的能力。快速思维中常陷入的两大误区：一是陷入慌乱；二是误读问题或规定情境。它们会浪费时间，或令人作出错误反应。

保持敏捷。牢记全神贯注、全部脑力集中在问题上是多么重要。

35. "八卦"谜网 (1)

三个经济系学生在主题公园做清洁义工时成了朋友。内森和扎卡里给巴纳比出了这么道题:"这个蜘蛛网的 8 个部分都要用 1~8 这几个数字填满,必须保证每一圈中都含有 1~8。像数独一样,每一部分和每一圈中不可出现重复的数字。所谓的'部分'是指从外围到中心点的 8 个分区,所谓'圈'则是指环绕中心的 8 个圈形部分。"

图中有些地方已经填上数字了。你能帮巴纳比把剩下的都填好吗?

巧思贴士 这道难题也在考察通观全局的能力。(如果确实感到为难,可从最外圈的右上角开始,沿顺时针方向填入 5、4、7、2、8、6、1、3。)

36. 劳拉的 L 形拼装格

劳拉给埃尔莫尔出了道更难的 L 形网格题(参见谜题 18)。她说:
"规则和上次一样——总共 12 块 L 形（每种 3 块）已被置入网格中。
你能分清它们都各放在哪儿吗？每个 'L' 上都有个洞。每个 'L'
在置入网格前都可以转动或翻转。相同的 'L' 形不相邻，即使某一
角也不会相邻。这些 'L' 拼得严丝合缝，根本无法看出痕迹。只
有这些洞能表明它们各自所属的类型。"

你能帮上忙吗？

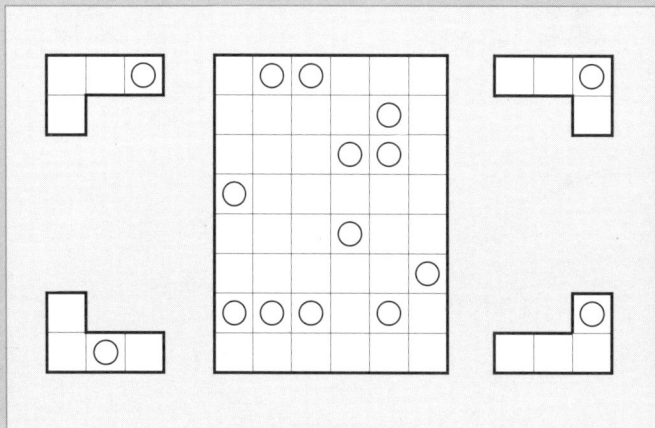

巧思 贴士

靠近右上角那三个形成三角形的圆圈也许正是
解题的突破点。

37. 菲洛梅娜在物理实验室 (3)

菲洛梅娜又回到物理实验室（参见谜题9和谜题20），用球形轴承、星形组件和正方形砝码放在3架天平上做实验。这一次，她为杰茜卡出了道题。她问："我已经让天平A和B都很好地平衡了，那么你需要多少块正方形砝码才能让C平衡呢？"

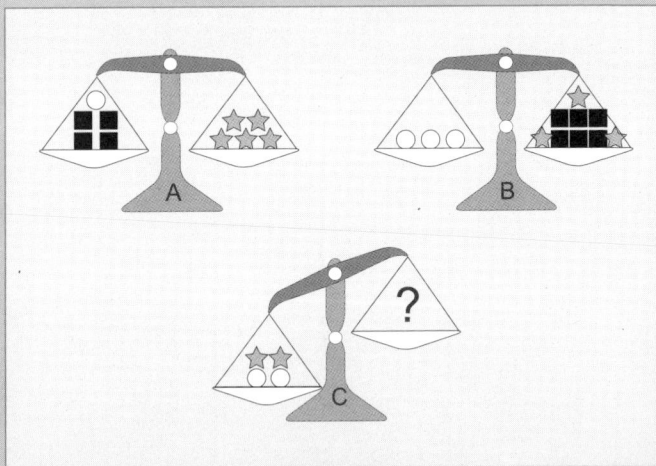

快速思维游戏

巧思
贴士

你需要让某个天平上的值乘以某个倍数。

38. 快眼

格雷姆去当地市场面试一份工作。摊主安格斯问他："你的眼神够快吗？看看这筐水果。你能数清其中分别有多少个苹果和梨吗？"

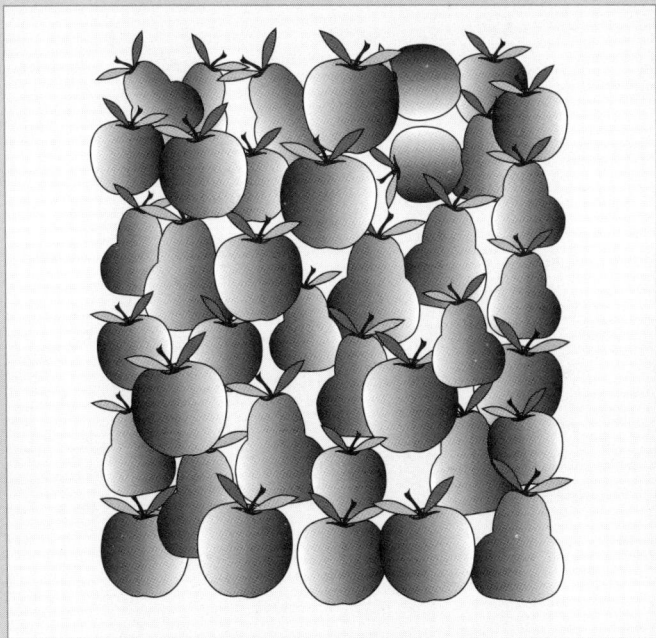

巧思
贴士

如果放下书，拿起一张白纸，就能使计算变得简单些，即将白纸覆在原图上，勾勒出各个水果的边线。这么做能帮上你。但对格雷姆没用，他只能靠自己的快速思维了。

39. 字母变换 (2)

伊格纳西为"牌吧"订购了一张"字母谜题"桌（参见谜题25）。这个桌面用粗线划分为 8 个区，每个区有 8 个方格。梅尔文已经钉好了 28 个字母，如图所示。现在的任务要求是：用字母填满余下的空格，使得每行、每列及每个粗线圈定的区域内都包含字母 A~H。

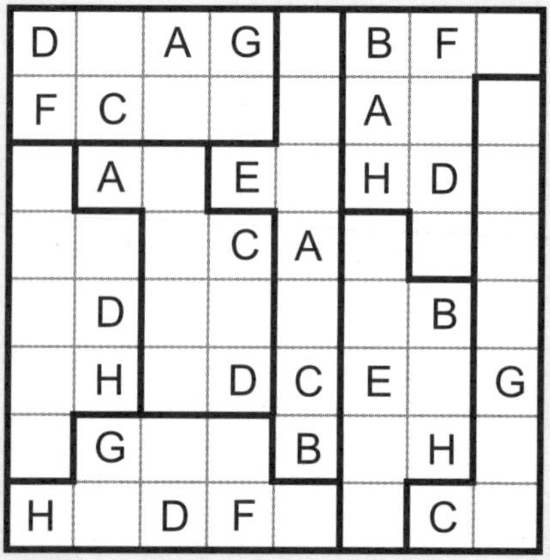

快速思维游戏

巧思贴士

可以与朋友或家人一起做这道题——或者复印下来搞个限时竞赛。

40. 康斯坦蒂的棋局

在橄榄林修道院，帕纳约蒂斯和康斯坦蒂这两位修道士喜欢下棋，并常互摆棋局来考问对方。下图是其中一局：在这个棋盘上，怎么摆 4 个王后的位置，使得每个标有数字的方格正好表明可攻击该方格的王后数目？

高级·努力通关

巧思
贴士

请记住：在国际象棋中，王后可在直线方向任意跳格——不管是横向、纵向还是对角线方向。

47

41. 舞动的数字灯 (2)

阿多马克博士又为"仲夏夜数学聚会"设计了一个数字灯光秀(参见谜题 17)，并请萨拉茜和本杰明布置。和上次一样，每一格含有一个数字，任务是遮住某些格子，使得任一行或列上都没有重复的数。

他还特别要求：任意两个被遮住（涂黑）的数不得在水平或垂直方向上相邻（但其某一角可以相邻），同时，每个仍亮着的数必须与另一个亮着的数相邻（水平或垂直方向，或两种方向同时存在）。你能帮上忙吗？

7	7	5	8	4	1	6	2	3	2
6	4	4	7	5	5	1	8	1	6
8	6	4	5	2	5	7	3	5	1
3	6	1	5	8	2	5	4	7	6
2	3	8	2	7	5	1	2	5	8
2	1	5	4	5	8	6	1	2	3
7	4	6	3	1	6	4	5	2	8
5	8	2	6	3	6	3	1	4	7
5	5	4	1	6	3	8	2	3	4
1	2	7	6	7	4	3	3	8	5

巧思
贴士

第一行中重复的 7 和 2，会让你比较容易着手破解。

42. 德米能约上贾里德吗?

贾维尔和沃利斯第二次约会非常愉快（参见谜题24）。现在这一对开始要试着撮合别人了。他们给还是单身的德米和贾里德发出一个神秘的邀请，让他们在海洋大道的某处约会。但他们把约会地点的门牌号编入了如谜题24那样的符号网格。

和上次一样，每个符号代表一个不同的数字。为求得每行、每列末端的正确得数，圆形、十字形、五边形、正方形和星形各自代表的值应是多少? 这些形状的值依序放在一起，就是约会地点的门牌号码。你能帮上忙吗?

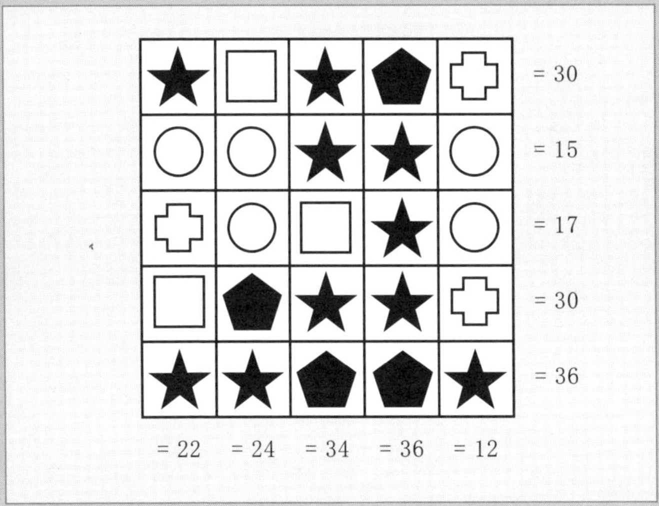

高级·努力通关

巧思贴士

先从那些符号重复最多的行和列入手破解，比如第二行和右起第二列。

49

43. 数字图表

阿朗经营一家名为斯里·克里斯纳的饭店，每天他都要搞一场数字图表竞赛来考考店员。他告诉店员们："首先做好下面这些计算题，激发脑细胞。随后在下面的网格中找到相应的答案，锻炼发现细节的能力。"你能帮上忙吗？网格中的答案可以顺数或倒数，分别位于横向、纵向和对角线方向上，但它们必定是位于一条直线上。

1. 3,872 + 38,782

2. 119,384,392 + 300,048,954

3. 65,843 x 345

4. 83,474 + 8,562,234

5. 999 x 99

6. 9,815,901,438 – 48,257,822

7. 843 + 1,247 + 96,523

8. 4,275 x 532

9. 643 + 74,323 + 64,321 + 64,322

10. 43,782 x 539

8	4	2	3	5	9	8	4	9	8	1	9
1	2	8	2	7	5	6	7	8	2	7	1
5	4	2	2	7	4	3	0	0	6	4	9
9	4	6	8	9	1	5	9	7	5	1	0
8	1	2	4	9	4	5	6	9	4	2	4
6	8	9	0	3	2	4	8	1	3	2	9
1	2	3	4	9	3	5	5	3	6	7	0
3	0	7	3	6	7	3	4	5	5	9	6
3	8	9	1	4	9	8	4	3	9	0	3
8	5	6	8	5	9	6	5	9	8	7	0
8	9	7	4	9	2	1	2	7	1	8	2
8	0	7	5	4	6	8	4	1	7	4	0

44. 凯瑟琳的冷血诡计

凯瑟琳·冯·基捷特用家传的银质潘趣酒碗做了拿手的潘趣酒。就在全家人众目睽睽之下，她自己先倒了一杯当场喝光，然后就借故离开了——她要赶往机场搭乘一架私人飞机飞往阿斯彭。

3小时后，除了凯瑟琳，冯·基捷特一家全死于非命。作为唯一的继承人，凯瑟琳得到了财富惊人的冯·基捷特钻石矿。经过检验，警方发现潘趣酒里有毒。凯瑟琳无疑是嫌犯，但当时在场的佣人说亲眼看见她喝了酒，随后再也没碰过酒碗就离开了——当受害人毒性发作时，她已在科罗拉多的雪山上和好莱坞名流们谈笑风生了。凯瑟琳不在场的证据似乎牢不可破。

实际上，正是她下的毒。但她是怎么做的呢？

巧思
贴士

她的"武器"奏效了，因为其毒效是延后的。

45. 在游戏室

　　JJ 和沙奎尔又得面对工作压力了（参见谜题 2）。这次，他们在装修一家会员俱乐部的游戏室。可他们又搞丢了设计师的施工指导图，而俱乐部经理几分钟后就来检查施工。"沙奎尔，快点！"JJ 悄声说，"在他到来之前把最后一块砖贴好。"

　　你能快点帮帮沙奎尔吗？应该选哪一块瓷砖贴在问号处呢？

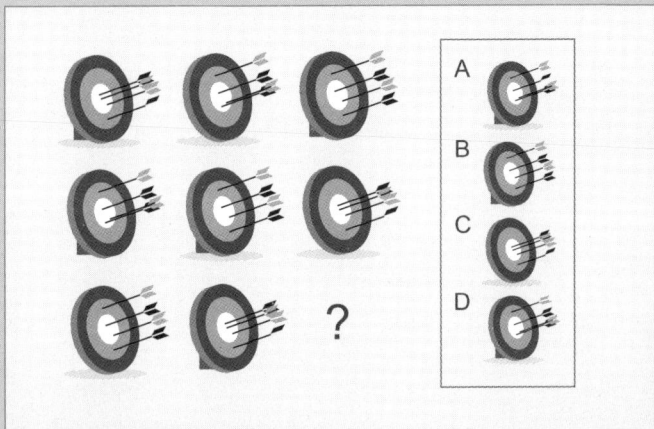

巧思贴士

先把花砖的样式分解为不同的元素。

快速思维游戏

46. 特雷尔的自编谜题

特雷尔如愿以偿地得到了银行的工作（参见谜题7）。这次他也运用数字网格编了道测试题考考好友丹尼尔和尼尔森。谁先做出来，他就给谁买啤酒作为奖励。"把9、10、10、13、14、14、16、17、17、18、18、19、19、22、25和27填入网格，使得横向、纵向和对角线方向上的数字相加都等于67。"

你能帮上忙吗？

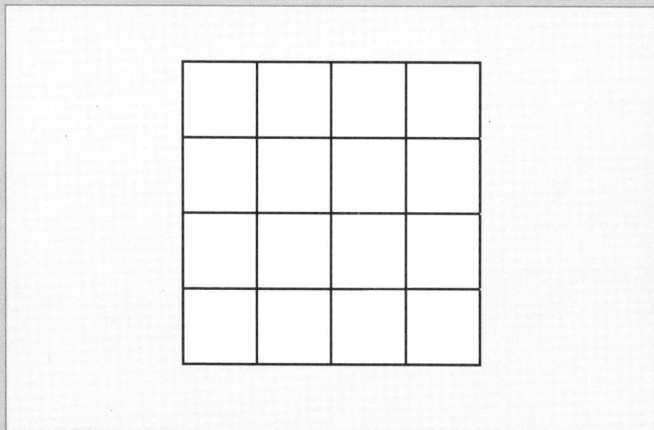

巧思
贴士

写下不同的数字组合，找出那些和为67的组合来。

47. "八卦"谜网 (2)

巴纳比很喜欢内森和扎卡里设计的蜘蛛网难题（参见谜题35）。于是他也照葫芦画瓢，也给他们出了一道。和上次一样，八个部分都要用数字 1~8 填满，使得每一圈都含有 1~8，且不得重复。所谓的"部分"是指从外围到中心点的 8 个层面，所谓的"圈"则是指环绕中心的 8 个圈形部分。一些数字已填好，你能否填入剩下的数呢？

如果真的无从下手,可从最外圈的右上角开始,沿顺时针方向依次填入 7、1、2、3、8、4、5、6。

巧思
贴士

48. 韦斯利的沙滩谜题

在夏令营的篝火烧烤晚会上（参见谜题 23），韦斯利和几个聪明的学生谈到了快速识别数字模式和序列的重要性。第二天学生们一觉醒来，发现韦斯利已经在湖边的湿沙滩上画了一些数字。他说："谁能最快看懂这个数列并求出问号处那个数？胜出者将被奖励一个飞盘！"

高级·努力通关

+ $\sqrt{}$

97, 263

⌒ 25,298

≈ 13,452 ÷

≤

?

⋉

≥ 3,420 ±

巧思
贴士

分离出每个数中的奇数和偶数。

49. 六边形之舞 (2)

凯齐娅用"天使酒吧＆夜总会"的酒瓶垫设计了自己的六边形谜题（参见谜题 29）。她问辛妮德："你能否把这些六边形放入中间的网格中，使得沿粗线相邻的两个三角形中的数完全相同？"你该怎么帮辛妮德呢？请记住——不得转动任何一个六边形。

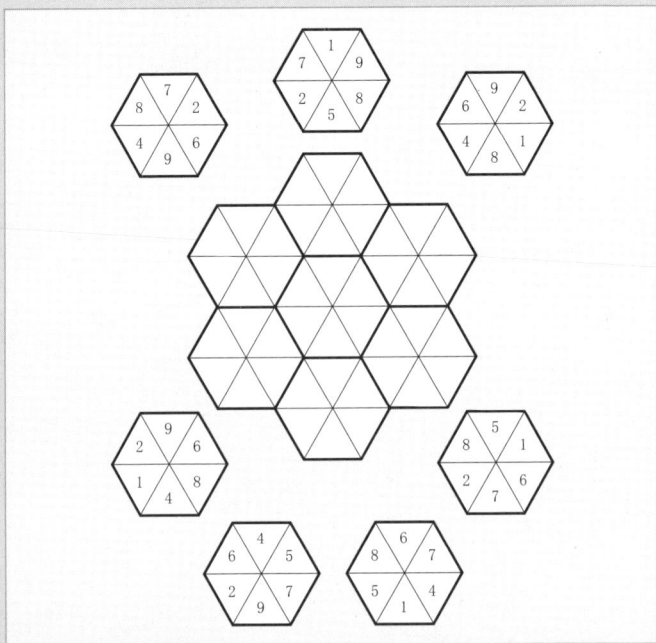

快速思维游戏

巧思
贴士

给自己增加点难度，为何不试试用少于规定时间的速度解题呢？

50. 好大一票

杰瑟·杰克斯带领臭名昭著的霍尔斯抢劫团伙在唐博伟德城外洗劫了一列火车，劫获了一大袋子银币。几天后，他们在慕拉基旅馆里碰头分赃。杰瑟的分赃方案如下：

"我拿 100 枚和剩下的 1/6，然后皮特拿 200 枚和剩下的 1/6。多克拿 300 枚和剩下的 1/6，比利拿 400 枚和剩下的 1/6。最后鲍比拿剩下的全部。"

鲍比不赞成这个计划，摆出一副准备和杰瑟打架的架势，要理论一番。其实他不必担心。杰瑟的分法能确保每个人都拿到完全相同的一份。那么，请问总共有多少枚银币呢？

巧思贴士

共有多少人参与分赃？这是解决问题的关键。

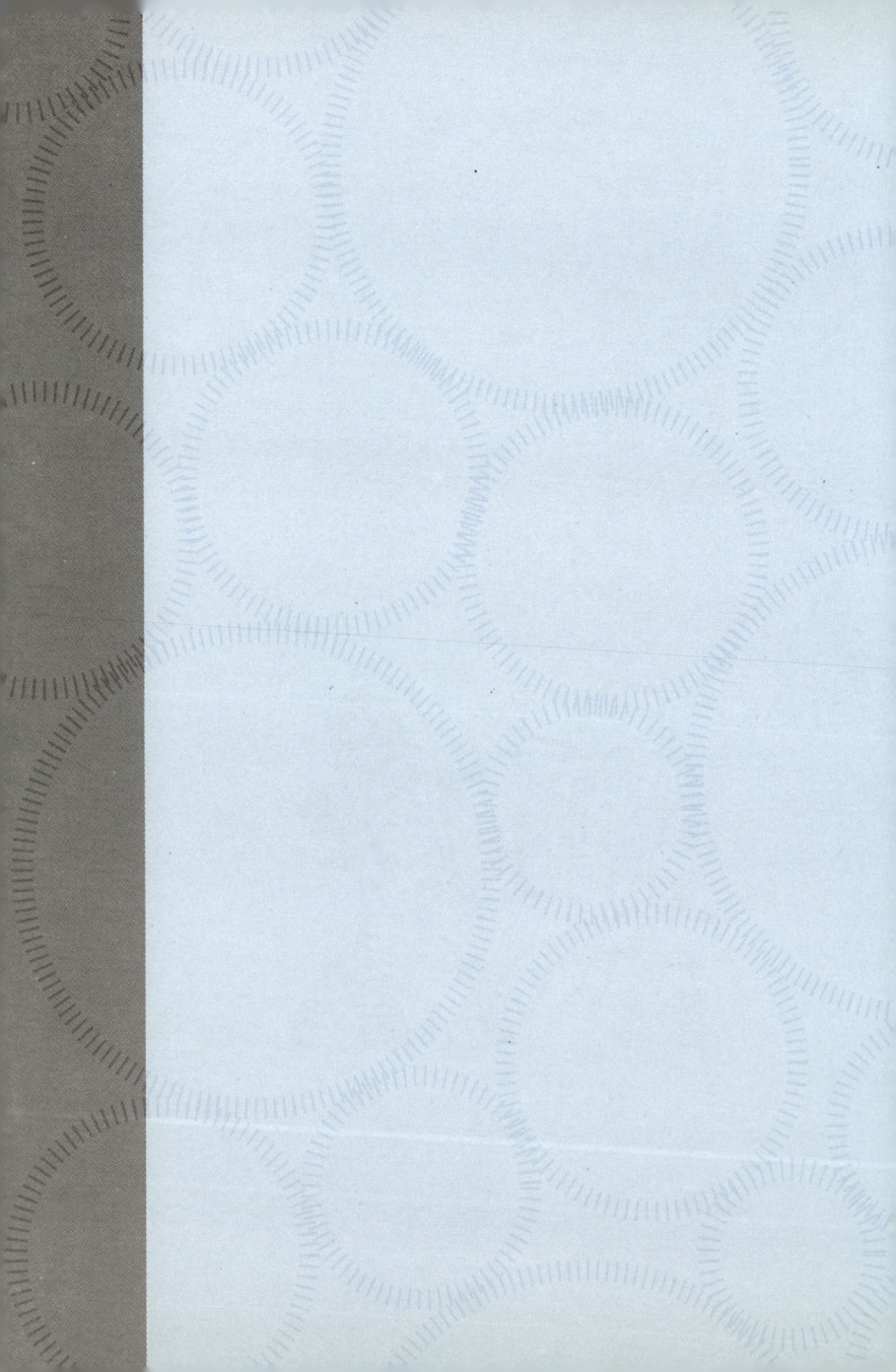

最后的挑战

最后这部分要在一个几乎完全仿真的情境中，要求你克服一系列时间紧迫的挑战，把你已有所进步的快速思维技巧投入实战。面对极富挑战性的问题，顶着分秒必争的限时压力，你必须找到可能的途径并策划一系列切实可行的步骤去实现——即便不能实现最初目标，至少也是大有进展的状态。牢记保持镇定、心态积极、自我激励的重要性。面对挑战，到底将其视做威胁还是机会，尽由你选择——其实，最困难的情境，常常也是激发我们最佳表现的一大动因。

你能赶到弗兰德斯厅吗？

你有过糟糕透顶的一天吗？在这个快速思维难题中，各种困难层出不穷，不断堆积起来横亘于前。你面临严重的、不断加剧的一连串问题，它们看来会让你爽约，无法去主持一个研讨会——而这个机会对你至关重要，因为你一直在找工作，而参加此次研讨会的各路来者很可能会为你提供前景诱人的工作机会。

时间紧迫。你亟须克服一系列困难以赶到指定会场。你得眼观六路，找到可能的解决方案。把材料读上两三遍后，在边栏空白处记下线索和想法。回顾一下马尔科姆·格拉德威尔所说的"不假思索的思考"——你能否运用他所说的"快速认知"对这些阻挠作出快速反应？这是你必须相信自己能快速思考的时刻。如果碰上困难，也请保持耐心。

要克服这些挑战，你可能得用上各种技巧：用逻辑思维和策略性思考去判断哪些方案是不言自明又最为有效的；用创意思维发现出乎意料的前进步骤；也许还用横向思维大步跨越，找到一种真正出人意料的方案。不过最重要的仍是：不要慌乱，不要偏离正轨。牢记目标，并想出一系列可行步骤去实现它。追求敏捷的、切实可行的反应方式。

最后的挑战

广告上写着："想学习快速思维技巧吗？11 月 11 日，星期二，上午 11 点，请光临弗兰德斯厅的专题研讨会。"

你本应该主持这次研讨会的。但就在会议当天上午 10 点，由于一系列不走运的事件，你被困在城里的某个危险地段，而你的车里还有个贼。事情是这样的……

你早早起床，精神抖擞，穿上一套得体的西服。你特地选了一身白色的西装，因为你的报告中有个材料取材于 1951 年那部《白衣男子》的电影片段。你还壮着胆子戴上了父亲那块昂贵的古董手表，因为它能为你平添几分魅力。

你整理好一大堆研讨材料，8 点 30 分走出家门。到弗兰德斯厅要花 45 分钟，所以你会在 9 点 15 分左右到那儿——时间正好，可以提前布置会场。你已经丢了工作，这次研讨会对你来说非比寻常，是个重大机会——预约确定的与会人数不下 20 人。

61

快速思维游戏

你把材料放进车里，但车发动不了——没油了。你立即叫了辆出租车，把材料放进后备箱就出发前往目的地。路上塞车，出租车只得绕道。在穿过一个难缠的街区时，一辆大卡车追尾撞上了你的出租车。出租车司机和卡车司机吵了起来。

此时已是 9 点 45 分了。出租车受损严重，无法发动了。你恳求司机把材料取给你，但他指给你看已经损坏、没法打开的后备箱。

你环顾四周肮脏的街道，几乎陷入绝望。附近有个咖啡馆，一家典当铺，一家店面不大的租车行，还有一个杂货店和一家男装店。你当机立断："租辆车。就算拿不到材料也必须赶到弗兰德斯厅。"于是你赶到租车行，在店员安排把车开来之前，你要了杯咖啡。"这儿可不安全。"你想。于是，你抓紧肩上的挎包，包里有钱包、信用卡和手机。你注意到一辆警车正巡视而过，接着消失在街角。

突然，一个人影冲你飞奔而来，撞翻了你的咖啡，溅得白西装上到处都是，那人同时抓起你

最后的挑战

的挎包就跑。在争夺中，你的外套被扯破。你紧追了几步后，那人飞快地消失在视线外。这时，你想："我可以注销信用卡，但不管怎样，我必须赶到那儿。"

随后你租的车开来了。看到你污迹斑斑、已被扯破的西装，开车的人有点发怔，似乎不太敢相信眼前的情景，但还是把钥匙递给了你。你钻进车里，这车和你自己的那辆是一个型号的。

就在这时，一个男子从典当铺里冲了出来，他手里挥着枪大叫着，跳进了你的车后座，大吼一声："快开车！带我离开这儿。"

这时，你怎么赶往弗兰德斯厅呢？如果赶到了，在没有材料的情况下，你又怎么去主持研讨会呢？你的西装怎么办呢？你得做些什么——或者说，你该怎么思考？

参考答案

　　请努力将答案部分作为激发思考的源泉。我们都会在某些时候"卡壳"——大脑一片空白，渴望有人伸出援手。如果真是掉进了问题的"陷阱"，请一定来答案部分寻求解答。看完解答后，请重演一下思索过程中的这些步骤，看它们是如何一步步得出答案的。这样，不管将来碰上类似书本上的难题还是生活中的难题，你都能运用这些策略迎刃而解。其中有些谜题，你可能会另有解答之道——这是个好迹象，说明你的快速思维能力已大幅提高并能很好地付诸实践了。

1. 这是代号

辨别、判断数字是激活脑细胞的好办法。通过尝试不同的数字组合算出第一行的得数 14，就可推出：三角形 = 36，星形 = 8，因为 36 / 3 + 8 / 4 = 12 + 2 = 14。一旦得出这个结果，接下去就易如反掌。正方形 = 28，因为 36 - 8 = 28；心形 = 7，因为 28 / 4 = 7。

2. 轮子谜题

选 C。每行和每列都有两辆头朝左和一辆头朝右的车。每行和每列都有两辆有着两个踏板和一辆只有一个踏板的车。每行和每列都有两辆灰色车座和一辆黑色车座的车，且都有两辆带车把的车和一辆没有车把的。因此应填入的图是头朝左、有两个踏板、一个黑色车座和带车把的。

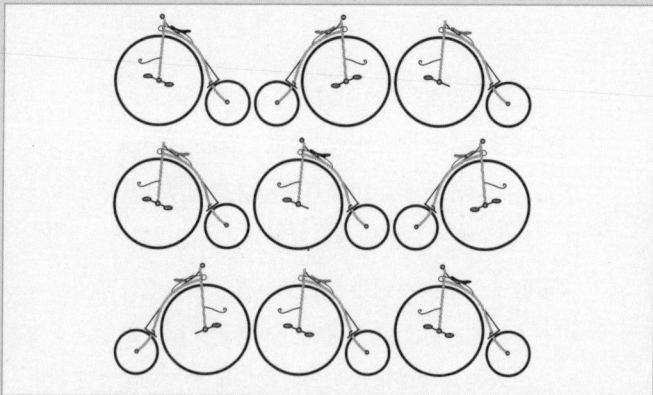

3. 井字游戏

伍迪得把圈画在最下面一行中间的方格中（如右图所示）。这样就能确保丽贝卡赢。她可以在第一行中画叉，或沿右底角至左上角的对角线方向画。

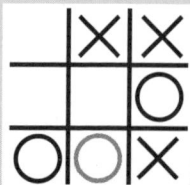

4. 尼尔森女士的数字格（1）

答案如右图所示。在需要快速思维的实际生活中，常需要运用视觉智能快速推断出各种事物是如何有效匹配的，或看出当它们经过不同组配后到底面貌如何。通过运用想象力转动不同的花砖以使相匹配的数字排在一列，尼尔森女士设计这类网格题的初衷就是要开发你的视觉智能。

4	1	1	2	2	4
4	4	4	1	1	3
4	4	4	1	1	3
2	2	2	1	1	3
2	2	2	1	1	3
4	3	3	2	2	4

5. 埃弗里特逃生

答案如右图所示。这类测试轻松愉快颇有启发，能开发数字思维能力和识别各种联系的能力。得感谢乔恩，使得埃弗里特先生能在洪水淹到数字板之前逃出房间。

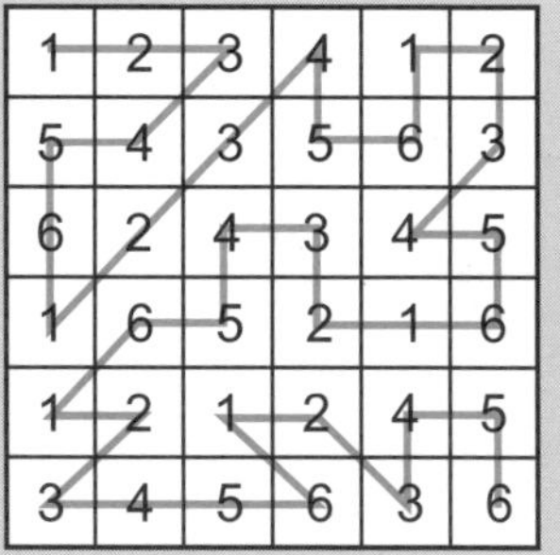

1	2	3	4	1	2
5	4	3	5	6	3
6	2	4	3	4	5
1	6	5	2	1	6
1	2	1	2	4	5
3	4	5	6	3	6

6. 一团糟（1）

印台 1 配印戳 A，2 配 C，3 配 B，4 配 D，5 配 E。这种测试也是专为开发视觉智能而设计的；对快速思维而言，这种智能至关重要。这道题就是测试你转换视角的能力——在盖印过程中，当字母和数字被翻转时，你能否看出这些字母和数字的本来面貌。

7. 特雷尔的面试

右图所示，是一种可能答案。用这类题目给大脑一次不错的锻炼能让神经元建立更多联络。它还意味着，当你置身于像特雷尔接受面试这样压力重重的情境中必须冲破难关时，你将会开足马力、一路闯关。

4	9	5	16
14	7	11	2
15	6	10	3
1	12	8	13

8. 奥特兰制造

理查德先生节约了可观的开支，因为他必须卖掉180辆车。原来的200辆车中只有两辆是奥特兰制造的（200的1%是2）。要使两辆车代表车队10%的比例，车队必须保留20辆车。因此理查德先生必须卖掉180辆车。

9. 菲洛梅娜在物理实验室（1）

答案是3个。通过研究天平A，菲洛梅娜知道2个圆圈 + 1个星形等于1个正方形砝码的质量，于是她把天平B上的正方形换成2个圆圈和1个星形。天平B现在成了2个圆圈 + 2个星形 = 6个圆圈。如果她从天平B的两端各拿走2个圆圈，她会看到2个星形 = 4个圆圈。因此，她得知1个星形 = 2个圆圈。如果她令天平B还原成原状，同时运用刚刚得到的结果，她会看到1个正方形砝码 = 2个星形。而天平C上有6个星形，故6个星形砝码 = 3个正方形砝码。

10. 埃弗里特冰原历险

穿过浮冰的线路如图所示。当你不断地碰到需要急中生智、快速思考的场景时，你就需要对细节的把握能力和通过这类练习培养起来的数字灵活性。

96	7	14	77	52	16	97	77	8
78	33	68	29	61	49	28	91	55
22	14	56	84	9	63	22	53	23
33	42	12	98	35	7	29	5	47
28	21	86	17	54	76	49	56	42
91	75	94	14	77	91	84	74	28
70	49	35	28	59	97	24	48	35
77	62	41	34	18	98	63	21	56
13	58	46	68	38	91	50	15	53

11. 当贾维尔遇上沃利斯

答案是：一根也不用动。你只需要想象必须在镜子里看到这个等式——随后它就会如下图所示了。有时候，快速思维要求你能像这样出自直觉或横向跳跃式思考，从全新的角度看待一个问题或挑战。见沃利斯之前，贾维尔已经用后视镜把车在外面倒好了，因此他能很快猜出答案来。他们的约会照常进行——两人去看浪漫喜剧片《当哈里遇上莎莉》。

$$8 = 12 - 5 + 1$$

12. 当机立断的帕斯卡

图中共有27个充气球。帕斯卡算得一个不差，没再订购充气球，老板颇感欣慰。像这类题目确实能提高你快速观察的能力。

69

13. 时光飞逝

从左上角的 1 月 1 日开始，每一行都从左至右地看，则数字日历式推进的规律是后一个数字是下一周的同一天（这不是闰年，所以 2 月 26 日后是 3 月 5 日）。因此，每次都是加上 7 天，遗漏的数字是 12（2 月 12）和 30（4 月 30）。

1	8	15	22	29
5	12	19	26	5
12	19	26	2	9
16	23	30	7	14

教授发现，有时学生需要提示，有时他们则能直接算对答案。

14. 拼命找安娜

数字如图所示，是在从右至左的对角线上倒数而得。当面临实际问题时，能否在一眼间看清状况，往往就意味着成败的天壤之别。

7	8	5	9	1	2	7	5	6	5	4	0
5	1	9	2	6	5	1	4	2	9	6	3
5	1	4	3	6	1	6	4	9	3	9	5
2	8	9	9	7	4	9	0	2	1	4	1
5	7	4	1	5	2	0	7	5	4	1	4
5	1	6	7	1	2	8	7	9	9	2	5
5	8	9	2	4	9	6	7	4	0	1	1
4	1	7	8	9	1	0	1	5	5	4	7
5	7	4	1	2	4	5	7	9	4	8	1
5	1	1	2	9	0	1	7	9	4	5	3
5	7	8	1	9	4	1	5	3	1	9	2
5	1	4	1	9	2	6	7	8	5	9	8

15. 过河

船的额定最大载重量是180磅，这是诺亚或大卫各自的重量，或是凯伦和萨拉两人相加的重量。凯伦和萨拉首先划过去，然后其中一位，比如凯伦再划回来。随后一位男士，比如大卫划过去，再由萨拉划回来。这么一来，大卫到了河对岸，其他人都还在起点。这时凯伦和萨拉再一起划过河，由凯伦划回来，诺亚单独划过去，再由萨拉划回来。此时，两位男士诺亚和大卫都过了河，而凯伦和萨拉又回到了起点。这时两位女士就可以再次共同划过去了。这是一道测验逻辑思维的题，它要求在一个起步步骤后推算出一系列后续事件。当你必须作出快速反应时，这类精确的思维技巧常常是不可或缺的。

16. 克里斯汀的情报

缺失的字母是L。中间字母的值是右上角减去左下角所得，或是左上角减去右下角所得。在右下角的字母群中，V = 22，P = 16，D = 4，J = 10。中间的数字是右上角（16）减去左下角（4）= 12，或是左上角（22）减去右下角（10）= 12。因此，缺失的字母是字母表中第12个字母即L。安娜破解了密码，确认了间谍L，并"清除"了他。

17. 舞动的数字灯 (1)

由阿多马克博士设计的网格如右图所示。本书有些难题是专为培养视觉智能而设计的。当你顶着压力需要快速反应的时候，用视觉理解处理信息就显得尤为重要了。

3	2	5	2	2	7	7	6
6	5	4	1	7	5	2	3
5	2	4	6	4	5	7	4
1	7	3	2	6	7	4	4
3	6	4	5	3	2	4	1
4	7	7	6	6	4	1	7
5	1	2	3	6	4	6	7
3	4	2	7	5	3	7	2

18. 埃尔莫尔的 L 形拼装格

网格中的 12 个 "L" 的外形如右图所示。在想象中解决这个难题对你提高视觉处理能力有极大的帮助。不过，如果你确实感到棘手，就把本图复制下来几份，裁出 12 个 L 形（每种 3 个），以便你能在网格上拼凑它们。把 "L" 画在卡片上会更容易操作些。

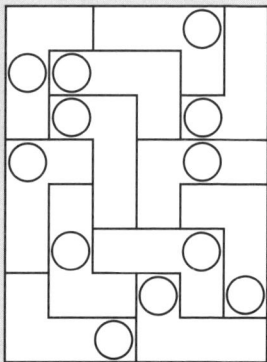

19. 尼尔森女士的数字格 (2)

答案如右图所示。尼尔森女士设定了三分钟的答题时限，因为她发现，快速解决数字问题使学生们思维更敏捷，也更有活力和热情参与数学俱乐部的各种讨论。

3	3	3	1	1	3
2	1	1	4	4	3
2	1	1	4	4	3
2	4	4	1	1	2
2	4	4	1	1	2
4	3	3	1	1	4

20. 菲洛梅娜在物理实验室 (2)

正确答案是 8。塔维娅正好用了三分钟解答。她看出，如果用天平 B 上的圆圈的值来替换天平 A 上的圆圈，她就能推出 2 个正方形 + 1 个星形 = 2 个星形，由此她还可算出 2 个正方形 = 1 个星形。现在如果她把天平 B 上的星形换成正方形，就会得到 1 个圆圈 = 3 个正方形。因此，在天平 C 上，2 个圆圈 + 1 个星形 = 8 个正方形。在算出结果的过程中，塔维娅锻炼了逻辑思维，这对各类思维都必不可少——绝不只对快速思维有效。

21. 护目镜之路

德克斯特推算,要简单地解出问题,他必须考虑共有多少种走法可经过"棋盘"上的所有格子,把问题分解开来。由于只有一种走法可走遍第一行和最左列的所有空格,于是他就在这7个空格中都写上1。而对剩下的每个空格,他则写入该空格上方、左上方和左侧三个数之和。比如,当抵达第二行的最后

一格时,他就加1(上方)、1(左上)和5(左侧),得到5 + 1 + 1 = 7。每一行循序渐进地算下来就得到63(如图所示)。

22. 一团糟(2)

印台1配印戳D,2配C,3配A,4配B,5配E。相比谜题6,这道题没有字母或数字做线索,因此对视觉智能和细节观察力是更大的考验。如果觉得难,也要坚持试下去——这是开发思维能力很好的试金石。

23. 韦斯利的沙滩之舞

通过路线如图所示。获胜者是营中最小的孩子之一,一个名叫塔薇的13岁女孩。她算出的走法是2+8(=10)-4(=6)+2(=8)-2(=6)+3(=9)+1(=10)。她说:"熟能生巧。"因为她喜欢数字,平时常玩数字游戏。

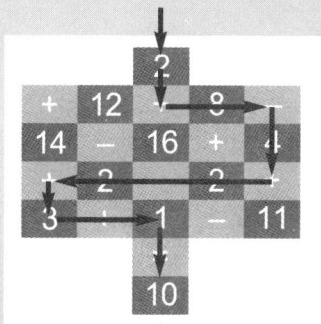

73

24．贾维尔和沃利斯打赌

答案是：圆圈 =9，十字形 =8，五边形 =3，正方形 =4，星形 =2。第一行是 2（星形）+4（正方形）+2+9（圆圈）+3（五边形）=20。沃利斯解题正好用了四分钟，于是贾维尔买了票。他们去了一家轮演剧目影院，买了"1+1 数学电影双票"，看了《证据》和《美丽心灵》。

25．字母变换（1）

完成后的网格如图所示，每行、每列和每个粗线所围区域都包含了 A~F。和"数独"一样，这个游戏把视觉辨识和大脑甄别分类任务结合，能很好地激发脑力。在"牌吧"里，伊格纳西和梅尔文又把字母顺序打乱，重排一局谜题。

F	A	B	C	E	D
E	C	D	A	F	B
A	D	F	E	B	C
B	E	C	D	A	F
C	F	E	B	D	A
D	B	A	F	C	E

26．数弹子

伊桑有 50 颗，克洛艾有 30 颗。如果克洛艾现有 80 颗，伊桑肯定已给了她 40 颗（他给了克洛艾手里剩下数目的弹子，且他现在一颗也没有了）。所以伊桑一定是留下了 20 颗，并得到了克洛艾给他的 20 颗（20+20=40）。所以最初伊桑比克洛艾要多 20 颗（当她拿到开始游戏时的数目时，他还有 20 颗）。所以伊桑有 50 颗，而克洛艾有 30 颗（50+30=80）。

27. 数列寻数

数列规律是 +1、×1、+2、×2、+3、×3，依此类推。缺失的数是 33 和 4626。像这类数学题不仅是极好的大脑"热身运动"，它们还能让你练习如何正确地发问——在这道题中，是怎样的数字运算规律才能得出这组数列呢？

> 1　2　2　4　8　11　33　37　148
> 153　765　771　4626　4633

28. 这也是代号！

你能从提示中看出，三角形一定能被 4 和 5 整除，得到一个整数。它不会是 20，因为你能从第一个得数看出，当被 4 整除时，得数一定大于 7。而如果你假定三角形 =40，你就能得到 40／4－9／3=10－3=7。在第二个得数中，答案一定是 40／5=8，你可以由此出发，找出正方形、圆圈和心形各自的值。答案是：三角形 =40，星形 =9，正方形 =4，圆圈 =12，心形 =1。

29. 六边形之舞 (1)

因为经常看各种谜题书和数独书，凯齐娅的视觉数字智能很出色。在经理威尔德先生回来前，她只有几分钟的解题时间，但她还是顺利解出了题，如右图所示。凡是六边形沿粗线相接处，沿粗线相邻的两个三角形中的数字完全相同。

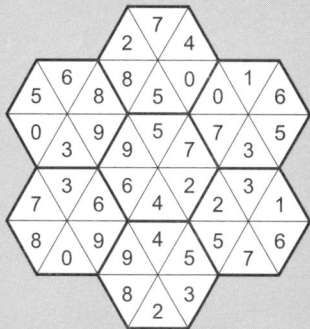

75

30. 安娜的情报

缺失的字母是 S。中间字母的值是顶部两个字母的值之和减去底部两个字母的值之和所得。在右下侧图中，Z=26，X=24，P=16，O=15。中间字母是顶部两个数之和（26+24=50）减去底部两个数之和（16+15=31），所以 50-31=19。字母表中第 19 个字母是 S。米格尔破解了密码，认出了潜伏的间谍 S。这道题让你有机会运用从谜题 16 学到的密码破解技巧解开新密码。

31. 短鼻鳄上秤

短鼻鳄重 640 磅，尾巴重 80 磅，头重 240 磅，身体重 320 磅。这道题是对细读、逻辑思维及数字处理能力的综合测试。

32. 埃弗里特在水晶舞厅

埃弗里特的正确路线如右图所示。当你努力看出网格中埃弗里特依序前行的路线时，就是对理解并操控数字信息这一必需技巧的极好训练。

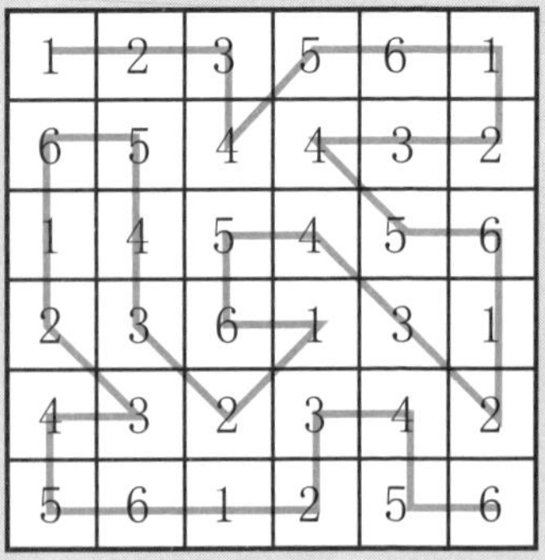

33. 令人发愁的雨伞

共有 28 把伞。玛格丽特必须只看一眼就得算出来。她做到了，还能接下 2 位客人的伞。和第 12 题一样，这道题测试你面临压力时还能关注细节的能力——这是你必须快速思维时会一再运用的技巧。

76

34. 有多少正方形？

根据大小不同，图中有 49 个小的 1×1 格正方形，同时也要注意到有 36 个稍大的 2×2 正方形，25 个 3×3，依此类推，直到最大尺寸为 7×7。总共算来，有（7×7）+（6×6）+（5×5）+（4×4）+（3×3）+（2×2）+（1×1）=140 个不同尺寸的正方形。快速思维的一个关键要领在于具有敏锐的直觉，能迅速判断问题的真实用意，这样才不至于浪费时间却得出错误答案。对于所碰上的头一个问题，一定要留出充分的时间去考虑该问题的实质是什么，而不是一头扎进去只知道找解答。要旁敲侧击，谋定而后动。

35. "八卦"谜网 (1)

完成后的蛛网如右图所示，是巴纳比填好的。正如第 19 题和第 29 题，或报刊上的数独题，这道题在限时完成的压力下能很好地训练识别视图和数字之间联系的能力。

36. 劳拉的 L 形拼装格

由埃尔莫尔完成的 L 形网格如右图所示。这又是一道开发视觉智能的好题目，而当你用最快速度解答时，更能让脑细胞活跃起来。

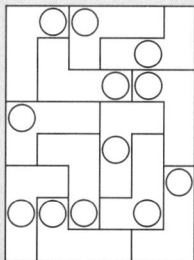

77

37. 菲洛梅娜在物理实验室 (3)

杰茜卡算出需要 10 个方块来平衡天平 C。她让天平 A 乘以 3，于是得到 12 个方块 +3 个圆圈 =15 个星形。然后她将 3 个圆圈（即 3 个星形 +6 个方块）的值从天平 B 移项到天平 A，于是又得到 12 个方块 +3 个星形 +6 个方块 =15 个星形；即 18 个方块 =12 个星形，即 3 个方块 =2 个星形。接着她让天平 B 乘以 2，于是得到 6 个圆圈 =6 个星形 +12 个方块。她将 6 个星形替换为与之等值的方块（即 9 个），于是得到 6 个圆圈 =9 个方块 +12 个方块，即 6 个圆圈 =21 个方块，于是 2 个圆圈 =7 个方块。因此，在天平 C 上，2 个星形 +2 个圆圈 =3 个方块 +7 个方块 =10 个方块。

38. 快眼

分别有 21 个苹果和 18 个梨。格雷姆算对了，安格斯与他握手表示祝贺，给了他这份工作。这类试题要求你能很好地将事物归类，以更容易统计数目。如果觉得题难，切记这些题能训练你思维更敏捷，而且你练习得越多，就会越容易。

39. 字母变换 (2)

完成后的网格如右图所示，每行、每列及每个粗线条封闭区域内都含有字母 A~H。酒吧的客人争分夺秒地填出字母排列后，无不欣喜振奋。这样的题目与一场激发思维的谈话一样，对大脑很有裨益。

D	E	A	G	H	B	F	C
F	C	H	B	D	A	G	E
C	A	G	E	F	H	D	B
G	F	B	C	A	D	E	H
A	D	E	H	G	C	B	F
B	H	F	D	C	E	A	G
E	G	C	A	B	F	H	D
H	B	D	F	E	G	C	A

40. 康斯坦蒂的棋局

王后的正确摆法如右图所
示。下象棋和关于象棋的谜题
能提高逻辑思维和推理能力，
这两者对快速思维的发展都很
有用。在修道院，修士们发现
摆出并解决这样的难题能保持
思维活跃，并能让年事已高的
他们保持健康、活跃和积极的
状态。帕纳约蒂斯——机敏聪
慧，又和蔼可亲——成功通过了康斯坦蒂的测试。

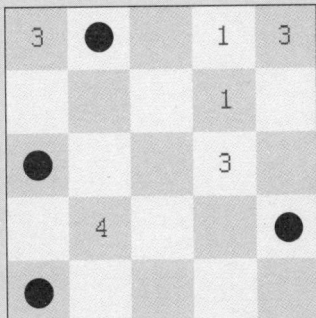

41. 舞动的数字灯 (2)

萨拉西和本杰明布置好的网格
如右图所示。与棋类难题很像，这
样的数字网格图也能极好地激发大
脑潜能，因为它要求同时遵循几条
规则。

42. 德米能约上贾里德吗?

各符号的正确赋值为：圆形 =1，十字形 =2，五边形 =9，正方形
=7，星形 =6。德米和贾里德都解出了题，并在海洋大道 12976 号相
会——那是一个名为歌萝丽娅的可爱小饭店。讨论符号网格和练习数
字逻辑的好处，看来确实是他们融洽相处的开端。

43. 数字图表

1. 42,654
2. 419,433,346
3. 22,715,835
4. 8,645,708
5. 98,901
6. 9,767,643,616
7. 98,613
8. 2,274,300
9. 203,609
10. 23,598,498

可在图中分别找出它们。

```
8 4 2 3 5 9 8 4 9 8 1 9
1 2 8 2 7 5 6 7 8 2 7 1
5 4 2 2 7 4 3 0 0 6 4 9
9 4 6 8 9 1 5 9 7 5 1 0
8 1 2 4 9 4 5 6 9 4 2 4
8 6 8 9 0 3 2 4 8 1 3 2 9
1 2 3 4 9 3 3 5 3 6 7 9
3 0 7 3 6 7 3 4 5 5 9 6
3 8 9 1 4 9 8 4 3 9 0 3
8 5 6 8 5 9 6 5 9 8 7 0
8 9 7 4 9 2 1 2 7 1 8 2
8 0 7 5 4 6 8 4 1 7 4 0
```

44. 凯瑟琳的冷血诡计

凯瑟琳"恰到好处地"给潘趣酒下了毒：毒并不在潘趣酒中，而是在冰块里。她喝干了酒并立刻离开制造不在现场的证据；随后酒中冰块融化，毒性就开始发作置人于死地了。

45. 在游戏室

正确答案是 D。每行每列花砖都有一个中心插着一根黑箭和两根灰箭的靶子，一个插着一根灰箭和两根黑箭的靶子，以及一个中心插着一根灰箭和一根黑箭的靶子；每行每列中都有一根断箭，每行每列都有一个没阴影的靶子，以及一个没支架的靶子。缺失的图案应该是中心有一根灰箭和两根黑箭的靶子，且没有断箭，有完整的阴影和完好的支架。

80

46. 特雷尔的自编谜题

右图是尼尔森作出的解答。在日常生活中，能快速加法运算常能帮上忙。有信心处理好数字，就有办法大胆破解思维难题了——而这正是快速求解的关键。

9	22	19	17
17	19	13	18
14	10	25	18
27	16	10	14

47. "八卦"谜网 (2)

完成后的网格如右图所示。常做心算对解这类题有好处——它对大脑和常用思维技巧也益处多多。

48. 韦斯利的沙滩谜题

答案是 5 670。在这个数列中，数字逐渐变小，因此解答办法就是退一步想想为什么。按照巧思贴士的提示，分离出第一个数中的偶数和奇数，并将两者相乘。因此，在 97 263 中，可得 $26 \times 973 = 25\ 298$。又从此数中如法炮制，得到 $228 \times 59 = 13\ 452$。接着又从此数中得到 $42 \times 135 = 5\ 670$。这就是漏掉的那个数。而从此数中，同样恰可得到 $60 \times 57 = 3\ 420$。玛丽亚最后胜出。她很善于快速识别数字背后的规律，这个技巧很有用，值得多练。

49. 六边形之舞 (2)

正确答案如右图所示。凡是六边形沿粗线条两
两相接处，沿粗线相邻的两个三角形中的
数字都完全相同。威尔德先生知道他的
大学生女招待正在玩这些游戏，但他
视而不见，因为他知道这类游戏能让她
们保持头脑机敏。

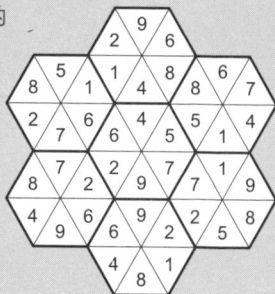

50. 好大一票

袋子里共有2 500枚银币，每个人各得500枚。杰斯
=100+400（余下2 000枚）；皮特=200+300（余下1 500枚）；
多克=300+200（余下1 000枚）；比利=400+100（余下500枚）；
鲍比拿剩下的500枚。

最后的挑战：你能赶到弗兰德斯厅吗？

贼跳进车里的那一刻起，你就慌了神。随即你想："嗨——我可是练过快速思维的，应付危机我有两下子。我知道该怎么办。"

你随即行动起来。你跳出车门，按下中控锁，砰地关上门。贼费了点工夫才弄明白你刚才干了什么，随后他开始摸索着去开车后门的锁。但没用，他已被牢牢地锁在车里了。

当铺老板已经报了警。巡逻车就在几条街开外，片刻就能赶到。警官录下口供，还对你的敏捷反应表示赞赏。能把贼关在租来的车里直到警察赶到，这让他们感到很欣慰。

而你的西装、银行卡和研讨会却还是处境不妙。西装湿了，被咖啡浇过的地方又冷又粘；袖筒从肩头处被扯破，空空地晃荡着。已经过了 10 点 30 分。还有不到半小时，研讨会就该开始了。而你根本没办法赶过去——租来的车不能再开，它是犯罪现场的一部分，贼在试图逃跑时，还砸破了两扇窗。你身无分文，信用卡丢了，手机也没了，没法联系弗兰德斯厅或打电话注销信用卡。

慌乱又一次攫住了你，而你再一次镇定下来。"先想想我会对与会者说些什么。"你想，"相信自己，就算身处看似无法挽回的境地，也要做好计划，想出一系列切实可行的方案来。绝不放弃！"

首先你走进当铺，把父亲的古董手表给当了。这下就有足够的钱在男装店买套现成的西装了。

拿着买衣服剩下的零钱，你来到杂货店，用那儿的付费电话注销信用卡，并联系电信公司。

随后你又叫了辆车。在去弗兰德斯厅的路上，你为研讨会想出了一个全新的报告方案。早上这场突如其来的历险中的细节将成为研讨会的主干内容——那件被毁了的西装还能充当道具。你可以请与会者给出解决方案，而你会依据这些事件来阐述快速思维的关键之道。

车到弗兰德斯厅时，你还剩下 4 分钟出场。付完车钱，你的口

参考答案

83

袋就空空如也了。你用钥匙打开会场的门，请与会者进场，一边告诉他们，之所以来迟了，也算是一个戏剧性安排的一部分，你会解释有关详情。

研讨会大获成功，反响十分热烈。一位供职于一家大公司人力资源部的与会者表示，将推荐你去公司举办系列讲座。下午两点，你坐定下来喝今天的第二杯咖啡。利用这一闲暇，你开始回顾在哪几个关头用快速思维挽救了你的这一天。

涂写演算区

快速思维游戏